环境保护部环境保护对外合作中心
北京大学环境科学与工程学院 编

中国履行《蒙特利尔议定书》成果与环境效益研究

The Outcome and Environmental Benefits from the Implementation of the Montreal Protocol in China

中国环境出版社·北京

前　言

1985年3月，《保护臭氧层维也纳公约》（简称《维也纳公约》）缔结，两年之后，《关于消耗臭氧层物质的蒙特利尔议定书》（简称《议定书》）签署，由此开启了全世界长期、持续地淘汰消耗臭氧层物质，共同保护地球环境的努力。2014年9月，联合国环境规划署和世界气象组织报告了关于臭氧层的好消息——科学观测显示，地球臭氧层出现了自我修复的迹象，到21世纪中期，臭氧层有望恢复到20世纪80年代的水平。环境规划署评估报告显示，由于履行《蒙特利尔议定书》，到2030年，全球每年可避免两百万例皮肤癌；到21世纪末，可避免数千万例白内障的发生。这些结果不仅证明《维也纳公约》和《蒙特利尔议定书》在保护臭氧层方面取得了实效，更极大地提振了信心，即只要人们齐心协力，就能够在全球气候、区域环境等问题上作出改变，保护人类赖以生存的地球环境。

中国于1989年加入了《维也纳公约》，1991年签署了《蒙特利尔议定书》（伦敦修正案）。作为国际保护臭氧层大家庭中的一员，自加入《议定书》以来，我国一直恪守各项责任和义务，淘汰的消耗臭氧层物质约占所有发展中国家的一半，为保护臭氧层做出了突出贡献。中国履行《蒙特利尔议定书》的历程，也伴随着国内环境保护事业的发展过程。通过履行国际公约，我们学习了国际规则，建立了国内法律法规，引进了国际资金和技术，锻炼了人才队伍，同时取得了巨大的气候效益，为其他环境国际公约的签署和履行探索了道路，积累了宝贵经验。

本书是中国保护臭氧层履约工作对中国经济、社会和环境影响的系统总结和评估，以此纪念《维也纳公约》缔结30周年，并为其他国际环境合作提供借鉴。

环境保护部环境保护对外合作中心
北京大学环境科学与工程学院
编写组

目 录

摘　要

1989年9月，中国政府签署了《保护臭氧层的维也纳公约》，并于1991年6月加入《关于消耗臭氧层物质的蒙特利尔议定书》（简称《议定书》）及其伦敦修正案，成为按《议定书》第五款行事的缔约国。2003年4月，中国加入《议定书》哥本哈根修正案；并于2010年5月同时批准了《蒙特利尔修正案》和《北京修正案》。至此，中国批准了所有关于《议定书》的修正案。

根据制定的《中国逐步淘汰消耗臭氧层物质国家方案》，在《议定书》多边基金的支持下，中国自1991年以来先后完成了400余个单个项目。在汽车空调、烟草、工业和商业制冷、消防、清洗、家电、泡沫、化工生产等18行业淘汰了全氯氟烃（CFCs）、哈龙、四氯化碳（CTC）、三氯乙烷（TCA）和甲基溴（也称溴甲烷）等物质的生产和消费。经过近20年的努力，中国于2007年7月1日，率先完成了CFCs和哈龙生产和消费的淘汰，提前两年半实现了《议定书》规定的目标。截至2010年1月1日，除了特殊用途外，中国已按照《议定书》的要求全面停止了CFCs、哈龙和CTC的生产和消费，并提前5年完成了TCA的淘汰任务。中国作为最大的发展中国家，在淘汰消耗臭氧层物质（Ozone Depleting Substance，ODS）行动上取得了巨大进展，为保护臭氧层作出了突出贡献。

ODS淘汰活动，极大地提升了中国环境保护工作，促进了中国环境保护事业的国际交流。环境外交的开展和国际间的合作，充分体现了中国负责任的大国形象；淘汰活动的开展，扩大了对外开放的领域，促进了中国与国际间的信息和技术交流。引进的国际资金和技术，促进了中国的技术创新；保障了中国与国际社会的同步发展。通过履约活动，减少了大量 ODS 物质排放，保护了臭氧层，保护了气候和生态环境，保护了公众健康。在履约过程中，中国获得了履行国际环境公约的成功模式和经验，环境工作管理水平得到提高，产业结构得到改善，环境科学技术得到发展。结合形势发展和自身实际，不断扩宽履约管理思路，创造了很多“第一”，包括第一个编制完成国家方案，第一个制订行业淘汰计划，发展中国家中第一个提前实现淘汰 CFCs 和哈龙生产目标。

中国在履行国际环境公约的过程中，改善了环境法律体系。建立或者修订的关键性政策法规包括《中华人民共和国大气污染防治法》和《消耗臭氧层物质管理条例》，以及《关于禁止新建生产、使用消耗臭氧层物质生产设施的通知》（控制新增生产能力）、《关于发放 CFCs/ 哈龙生产配额许可证的通知》（控制生产量）、《消耗臭氧层物质进出口管理办法》（控制进出口）、《产业结构调整指导目录》和《危险化学品目录》等。

与此同时，中国政府结合自身的发展水平和特点，开发了履约行业机制新模式、可交易配额制度的 ODS 削减控制措施和许可证制度的 ODS 进出口控制措施，创造了全面履约的新机制，实现了减少 ODS 物质排放，保护了臭氧层和生态环境的目标。

逐步淘汰 ODS 使地球的气候在两方面受益。首先，由于大多数消耗臭氧层物质同时也是温室气体，逐步淘汰这些物质也削减了温室气体的排放。事实上，世界气象组织（WMO）和联合国环境规划署（UNEP）联合建立的政府间气候变化专门委员会（IPCC）/ 技术和经济评估小组（TEAP）注意到全球 ODS 的净削减已经带来每年相当于百亿 t 二氧化碳（CO_2）当量的温室气体的削减。其次，在选择 ODS 转换的过程中，采取了节能、更密封的措施，使生产的设备或产品更少泄漏和更加节能。较少的泄漏降低了替代材料向环境的直接排放，更大的节能则需要更少的能源消耗，从而也减少了化石燃料燃烧过程中的温室气体排放。按照研究核算，相比没有《议定书》的情景，中国仅仅 2010 年一年就避免了超过 54.1 万 t 耗损臭氧层当量 (ODP) 物质的排放，扣除采用 HCFCs 的影响以及臭氧层变化对温室效应的影响，中国也避免了超过 14.4 亿 t CO_2 当量 (GWP) 物质温室气体的排放。此外，由于产品的节能效率提高，还带来额外的 CO_2 减排以及二氧化硫（SO_2）、氮氧化物（NO_x）等的减排效益。特别值得强调的是，在中国家用制冷行业的 CFCs 淘汰中，选择了碳氢技术作为家用冰箱、冰柜的制冷剂和箱体的发泡剂，不但没有使用具有温室气体效应的 HFC-134a 做制冷剂和需要二次淘汰的 HCFC-141b 做发泡剂，而且产品的节能效果更好，取得了更好的经济、社会和环境效益。据中国家电协会统计，替代改造前，中国用 CFCs 作制冷剂的冰箱的能耗等级普遍为四级、五级；替代改造后，能耗等级普遍为一级、二级，节能水平提高 30% 以上。也就是说，在替代淘汰 CFCs 的同时，促进了产品的技术升级，实现了节能减排。

地方政府的履约能力通过一系列活动的开展得到了空前提高。如中国政府采用多边基金提供的资助，积极推动全国所有省市保护臭氧层能力的建设项目，极大地促进了地方管理机构的环境保护能力，更使成千上万的公众通过各种媒体学习到保护臭氧层的知识。环保部与 36 个省、自治区、直辖市及计划单列市签署了《加强地方消耗臭氧层物质淘汰能力建设项目协议书》，并发布了项目验收办法。各省市结合本地区实际情况，扎实稳妥地努力开展各项工作并取得了显著成效，实现了项目工作目标。各地通过组建领导小组，初步建立了自上而下、较为完善的 ODS 淘汰管理机制；通过细致全面的调研，掌握了辖区内 ODS 生产和消费的有关数据；开展了多样而有效的宣传和培训工作，提高了 ODS 用户的保护臭氧层意识和工作队伍的专业素质，建立了 ODS 淘汰执法监督的长效机制，为后续淘汰工作奠定了基础。

中国之所以能够成功地履行《议定书》，首先是因为《议定书》较好地体现并实践了“共同但有区别的责任”原则，使得中国等广大发展中国家能够积极地参与到履约活动中去，这是《议定书》成功的基础。正是在这个基础上，《议定书》形成了一个科学的、能够不断自我完善的管理体系，一个清晰、明确和具有灵活性的履约法律框架，使得各国履约工作能够统一和协调起来，不断克服困难，解决存在的问题，从而使履约工作深入持久地开展下去。在履约过程中，中国政府既承担起了应承担的责任，为保护全球环境做出了巨大的贡献，同时积极努力维护发展中国家和自身的权益，以负责任的态度，精心组织，周密计划，认真实施，严格管理，如期完成了履约目标。

目前，中国已经进入削减 HCFCs 生产和消费的阶段，目前面临着更大的挑战是淘汰 HCFCs 工作。中国 HCFCs 的排放对臭氧层耗损和气候变化的影响仍将持续一段时间。而随着 HCFCs 的削减，作为替代品的氢氟碳化物（HFCs）的消费将增加，HFCs 排放对气候变化的贡献也将日益彰显，其影响必将会引起气候变化领域的科学界、政府官员和公众的广泛关注。政府部门和行业协会应制定相应的管理政策和措施，以控制中国 HCFCs 和 HFCs 物质的环境影响。参照在中国 CFCs 和 HCFCs 淘汰过程中的经验，有些削减 HFCs 排放的工作应预先予以准备，包括：①建立控制排放的资金保障体系，推动替代和减排技术应用；②完善控制排放的相关法律法规制度；③开展重点物质的管理和对策研究；④科学地判断 ODS 及其替代品对气候变化的影响；⑤及早采用管理 ODS 的体系加强 HFCs 的管理。

1 背 景

1974 年，加利福尼亚大学欧文分校的雪利 • 罗兰和马里奥 • 莫利纳在《自然》杂志上发表文章，阐述了当时人类大量使用化学性质极其稳定的全氯氟烃（CFCs）因其在大气环境中寿命很长，可以经过几年到十几年的迁移最终到达同温层（平流层），并在短波紫外线 UV-C 的照射下发生光解，释放出游离氯自由基，后者发生链式反应促使 O_3 转化为 O_2，从而造成平流层臭氧耗损。1985 年，英国南极考察队队长乔 • 法曼教授经过多年的实地观测，发现南极上空的臭氧总量在每年 9 月下旬开始迅速减少到一半左右，形成一个“臭氧空洞”，持续到当年 11 月方才逐渐恢复。1986—1987 年美国科学家苏珊 • 沙罗门带领科考队两次到达南极以验证游离氯自由基对臭氧层的破坏作用。在 1988 年的斯诺马斯会议上，科学界正式承认 CFCs 造成臭氧层损耗的学术观点。

与上述科学发现几乎同步的是，1983 年瑞士、芬兰和挪威三国提出“议定书草案”，呼吁全世界禁止使用含 CFCs 的气雾剂并对其他 CFCs 的使用有所控制。1985 年 3 月，21 个国家的政府代表在奥地利维也纳签署了《关于保护臭氧层的维也纳公约》（以下简称《公约》），这是一个纲领性的条约，明确表示了各签约国保护大气臭氧层的意愿，但是关于如何具体地限制 CFCs 的方法则留待以后谈判再确定，中国也派员参加了会议。《公约》通过不久，英国南极勘测站宣布在南极观察到臭氧层空洞。1987 年 9 月，43 个国家代表在加拿大蒙特利尔达成一致协议，制定了《关于消耗臭氧层物质的蒙特利尔议定书》（简称《议定书》）；9月16日，24个国家签署了《议定书》。《议定书》于1989年1月1日起生效，这是为保护臭氧层而进行全球合作的开端，意味着国际社会已经普遍意识到全球共同行动是保护臭氧层工作取得成功的必由之路。《议定书》包括了具体的控制措施，规定的控制物质有两类，共8种，第一类为5种CFCs（CFC-11、CFC-12、CFC-113、CFC-114、CFC-115），第二类包括3种哈龙（哈龙1211、哈龙1301和哈龙2402），控制内容为其生产量和消费量。但是这一《议定书》签订得比较仓促，存在的严重问题就是并未建立一种机制来帮助发展中国家采取控制措施，区别发达国家和发展中国家对臭氧层耗损的责任以及保护臭氧层的责任，因此遭到许多国家特别是发展中国家的批评。中国与多数发展中国家明确表示，如果不对《议定书》进行修改就不可能加入该《议定书》。在此国际情形下，中国政府同多个发展中国家在1989年召开的《议定书》缔约方第一次全体会议上正式提出了设立保护臭氧层国际基金的建议。

随着大量科学研究的开展，结果显示出臭氧层的破坏程度远比当时制定《议定书》所估计的严重，因此该《议定书》所规定的保护臭氧层的措施还很不完善，有必要进一步讨论修订。自1987年蒙特利尔会议以后，召开了多次缔约方会议，对《议定书》进行了多次调整和修正，以加快淘汰进程，扩大受控物质范围。《议定书》确定控制物质和淘汰进程主要根据以下三个方面的因素：①相对于其他物质的臭氧消耗有效性；②是否存在合适的替代物质；③加入淘汰行列后，对发展中国家的潜在影响。

1990年6月在伦敦召开的《议定书》第二次缔约方会议，通过了《议定书》伦敦修正案，主要规定了逐步削减与禁用CFCs类和哈龙类物质的要求和时间表，要求发达国家到2000年在生产和消费部门淘汰绝大部分消耗臭氧层物质（ODS），发展中国家应在

2010年达到这一目标。最重要的，在这次会议上，中国等发展中国家关于建立基金机制的建议得到通过。多边基金于1991年正式建立并开始运行。这是在解决全球环境问题历史上，第一次要求发达国家向发展中国家提供技术和经济上的援助，以帮助发展中国家履行《议定书》，淘汰ODS。这一模式使得更多的发展中国家参与这项国际环境合作，多边基金的建立被认为是国际合作的一个重要里程碑。《议定书》伦敦修正案首次体现了发达国家和发展中国家“共同但有区别的责任”原则，即发达国家作为主要的污染物排放国，因其排放并对全球环境造成危害，将率先采取行动保护全球环境，淘汰ODS，并为发展中国家提供资金和技术援助。这一国际公约基本原则的通过和实施，为1992年6月在巴西里约热内卢召开的联合国环境与发展大会(UNCED)通过和签署的文件，如《里约环境与发展宣言》《生物多样性公约》和《气候变化框架公约》纳入“共同但有区别的责任”原则奠定了基础。

1992年11月，在哥本哈根召开的第四次缔约方会议对《议定书》进行了调整和修正，通过了《议定书》的哥本哈根修正案，将伦敦修正案中发达国家CFCs、四氯化碳（CTC）、三氯乙烷TCA的最终淘汰截止时间提前到1996年，将哈龙的最终淘汰时间提前到1994年；同时增加了含氢氯氟烃（HCFCs）、含氢溴氟烃（HBFC）和甲基溴三组受控物质，并规定了这几种物质的淘汰时间表。

1995年12月，第七次缔约方会议在维也纳召开，对《议定书》作了进一步的调整。

1997年9月，第九次缔约方会议在蒙特利尔召开，通过了《议定书》的蒙特利尔修正案， 该修正案主要规定了ODS进出口的一些控制措施，要求缔约方对所有受控物质建立进出口许可证制度，同时规定了在缔约方和非缔约方之间禁止甲基溴贸易。

1999年11月，第十一次缔约方会议在北京召开，通过了《议定书》的北京修正案。该修正案增加了一种受控物质，即溴氯甲烷，要求从 2002 年起各缔约方禁止此种物质的生产和消费（必要用途除外）。该修正案也第一次对 HCFCs 生产规定了控制条款，并增加了禁止缔约方和非缔约方之间进行 HCFCs 类物质贸易的条款。

由于认识到 HCFCs 对臭氧层耗损和对全球气候变化的影响（其具有高全球变暖潜势，GWP 值），国际社会决定加速淘汰 HCFCs 并于 2007 年第 19 次缔约方大会上通过了加速淘汰 HCFCs 物质的调整案。按照《议定书》调整案的要求，第 5 条款国家必须于 2013 年将 HCFCs 物质的生产和消费冻结在 2009 年和 2010 年的平均水平即基线水平。加速淘汰 HCFCs 物质淘汰时间表如下：

- 2013 年将 HCFCs 物质的生产量和消费量冻结在基线水平；
- 2015 年将 HCFCs 物质的生产量和消费量削减基线水平的 10%；
- 2020 年将 HCFCs 物质的生产量和消费量削减基线水平的 35%；
- 2025 年将 HCFCs 物质的生产量和消费量削减基线水平的 67.5%；
- 2030 年完成 HCFCs 物质生产和消费的淘汰，但允许每年保留基线水平的 2.5% 用于制冷维修领域直到 2040 年为止。

图 1　2007 年通过的《议定书》调整案 HCFCs 控制时间图

按照调整后的HCFCs物质淘汰时间表，第5条款国家HCFCs物质的冻结时间从原来的2016年提前到了2013年，并需要在2年时间内（2015年前）完成10%的淘汰；相应的2020年之后的各个淘汰时间点也都大幅度提前。按照2005年发展中国家生产和消费水平估算，仅上述加速淘汰时间表的调整，就额外淘汰80万t消耗臭氧潜势（ODP）和210亿t CO_2 当量。

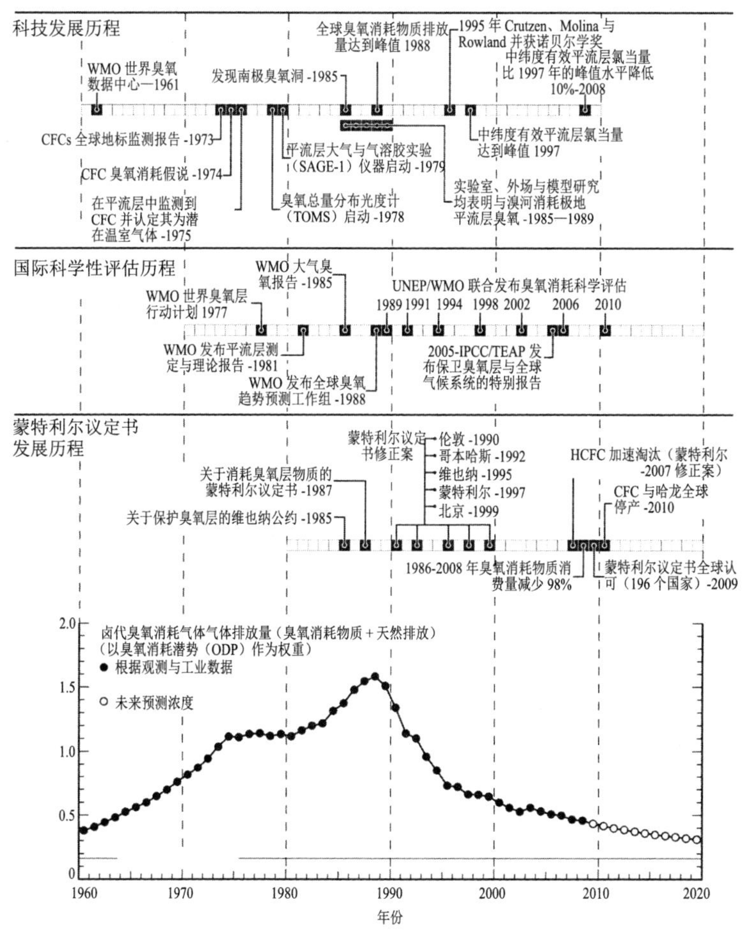

图2 保护平流层臭氧层历史

保护臭氧层的历史，是一个科学研究、科学评估支持决策开展环境保护完美的例子。如图 2 所示，相关的重大科学发现、科学评估对每一次国际社会的共同决策起到了重要的支持作用。

2　消耗臭氧层物质淘汰工作

2.1　加入公约进程和制订《国家方案》

中国政府在1989年9月签署了《保护臭氧层的维也纳公约》，1991年6月加入了《关于消耗臭氧层物质的蒙特利尔议定书》及其伦敦修正案，成为按《议定书》第5款行事的缔约方；2003年4月加入了《议定书》哥本哈根修正案；并于2010年5月同时批准了《蒙特利尔修正案》和《北京修正案》。至此，中国批准了所有关于《议定书》的修正案。

1993年1月，中国政府正式批准实施《中国逐步淘汰消耗臭氧层物质国家方案》（简称《国家方案》），并于1995年依据《国家方案》细化形成了主要生产和消费行业淘汰消耗臭氧层物质战略。中国《国家方案》是发展中国家递交的第一个国家方案，方案不仅作为指导中国淘汰ODS的文件，还被翻译成其他五种联合国语言，为其他发展中国家制订方案提供了非常可贵的技术支持。这个《国家方案》也是中国第一个履行国际环境公约的国家方案。1997年，中国着手更新《国家方案》，修订后的《国家方案》于1999年11月得到国务院的批准。

2013年，中国完成了《HCFCs淘汰管理计划（第一期）》（HPMP）的编制。该计划旨在将中国HCFCs的生产量和消费量在2013年实现冻结，2015 年削减到基线水平的 90%。《议定书》多边基金执委会将为中国实现第一阶段的 HCFCs 消费和生产淘汰分别提供 2.7 亿美元和 0.95 亿美元的资金资助。

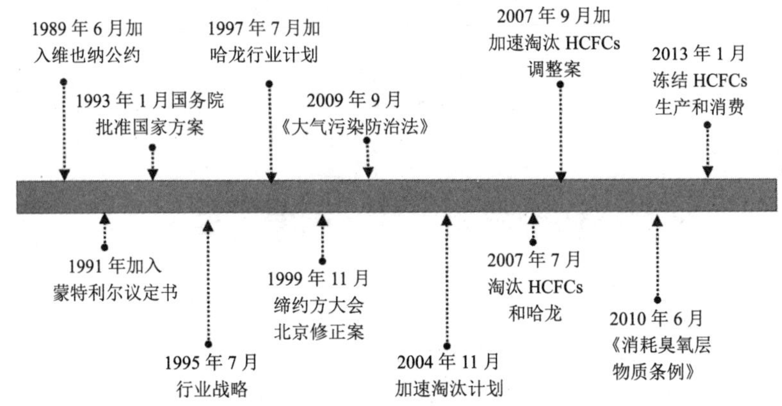

图 3　中国主要履约历程

2.2　建立履约机构

中国政府高度重视对臭氧层的保护，加入《蒙特利尔议定书》后，国务院批准并成立了由 18 个部委组成的保护臭氧层领导小组。该领导小组由环境保护部任组长单位，成员分别包括外交部、发展和改革委、科学技术部、公安部、财政部、工业和信息产业部、农业部、商务部和海关总署等相关部门 。保护臭氧层领导小组是中国政府跨部门间的协调机构，负责履行《维也纳公约》和《蒙特利尔议定书》，组织实施《国家方案》。臭氧层保护领导小组下设协调小组和项目办公室，具体负责履约的日常事务。按照《公约》和《议定书》的要求，环境保护部作为国家的联络机构负责中国与公约其他缔约方和秘书处的联络。

依照《国家方案》的要求，中国政府成立了负责具体淘汰活动的多边基金项目管理办公室（Project Management Office, PMO）。多边基金项目管理办公室设在环境保护部环境保护对外合作中心，采用合署办公的行业工作组模式，陆续成立了8个行业的淘汰ODS特别工作组，由有关部委或行业协会派出人员和环保部工作人员一起联合办公。

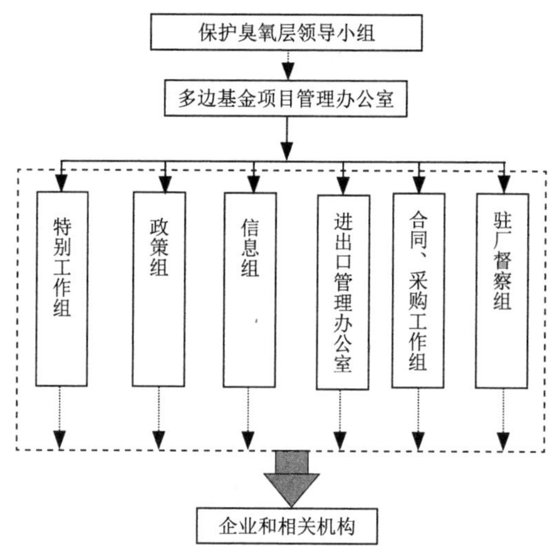

图4 中国淘汰ODS管理框架

2.3 建立履行公约的政策体系

中国政府在履约过程中，十分重视政策法规的建设。经过近二十年的努力，中国政府先后颁布和实施了多项国家和行业政策，其中关键性的政策法规包括：《中华人民共和国大气污染防治法》《消耗臭氧层物质管理条例》《关于禁止新建生产、使用消耗臭氧层物质生产设施的通知》（为控制新增生产能力）、《关于发放CFCs/哈龙生产配额许可证的通知》（为控制生产量）、《消耗臭氧层物质进出口管理办法》（为控制进出口），等等。依据这些政策法规，中国控制了主要 ODS 生产和消费的增长，并于 1999 年和 2005 年实现了《议定书》规定的全氯氟烃（CFCs）和哈龙生产和消费的冻结和削减目标，提前两年半于 2007 年完成 CFCs 和哈龙生产和消费的淘汰，保证了 ODS 淘汰的有序进行。2005 年，国务院发布了实施《促进产业结构调整暂行规定》的决定，依据上述决定，国家发展改革委发布了《产业结构调整指导目录》，并保持持续更新状态；该目录包括了限制和淘汰 ODS 相关产品的内容。

早在 2000 年，第九届全国人大常务委员会通过的《中华人民共和国大气污染防治法》就包含了涉及淘汰消耗臭氧层物质的两个条款；2010 年，国务院又颁布并实施了《消耗臭氧层物质管理条例》，进一步规范和细化了淘汰消耗臭氧层物质的目标、义务、责任和全生命周期的管理；国家层面的法律法规为中国今后参与全球环境保护的行动奠定了良好的基础。依托于中国的环境管理公共政策体系，中国履行《议定书》的政策法规体系，包括 5 个层次（图 5）。

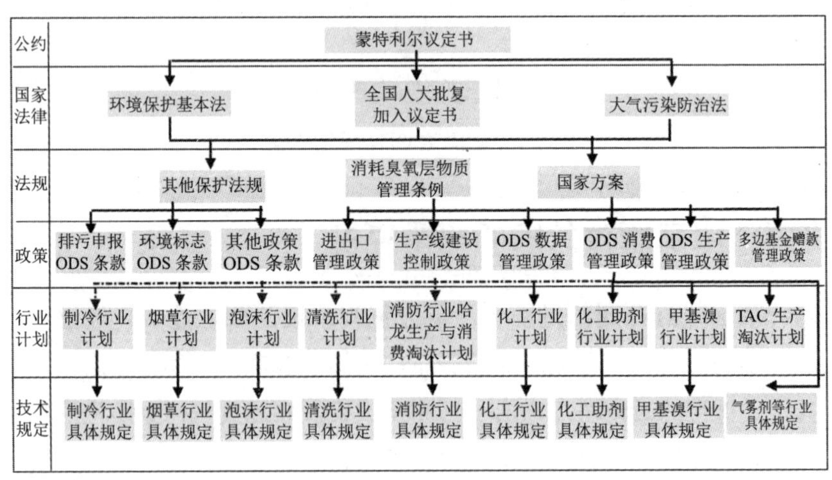

图 5　中国保护臭氧层政策管理框架

国际环境协议层面：中国政府对《蒙特利尔议定书》及所签署的相关修正案的承诺。

国家法律层面：《中华人民共和国环境保护法》和《中华人民共和国大气污染防治法》为中国ODS淘汰行动提供了相关的法律依据；特别是《大气污染防治法》2000年修正专门针对ODS淘汰问题新增了第四十五条和第五十九条。新增第四十五条第一款规定："国家鼓励、支持消耗臭氧层物质替代品的生产和使用，逐步减少消耗臭氧层物质的产量，直至停止消耗臭氧层物质的生产和使用。"这一款原则性的规定为现行管理体系提供了明确的国内立法支持。

国务院制订和颁布的行政规章层面：《国家方案（修订稿）》是经国务院批准并得到《议定书》多边基金执委会认可的国家行动计划，本质上是中国实施《议定书》的基本行动纲领，是制订和实施各行业淘汰计划以及各种相关政策措施的首要依据。2010年国务院批准并实施了《消耗臭氧层物质管理条例》，进一步规范和细化了淘汰消耗臭氧层物质的目标、义务和责任；也为进一步制订实施细则奠定基础。《消耗臭氧层物质管理条例》是中国第一个针对环境公约的条例，也是第一个规范化学品生命周期管理的一个条例。《消耗臭氧层物质管理条例》包含的41个条款，涉及ODS生产、销售、进出口、使用、回收、再利用和报废等环节的管理。

国务院直属行政管理部门的规章层面：依据中国现行的环境管理规章、相关政府部门单独或联合颁布了相关的ODS管理政策，包括：ODS生产控制政策、ODS消费控制政策、ODS进出口管理政策、ODS相关数据管理政策、多边基金赠款管理政策以及其他的现行环境管理政策等。

行业部门的相关计划和政策：中国制订了相关行业的ODS淘汰计划，为了实现这些计划，制订和颁布了行业一级的具体政策措施，以指导和保障本行业的 ODS 淘汰目标的实现。

为保障相关政策执行的有效性，强化对政策的监督和执行力度，相关的支持性措施体系包括 3 类：

①技术标准和规范：由于履约行动以及相关政策实施的要求，需要制订或修订相关的技术标准和规范。

②数据核实、认证以及配额执行追踪体系：根据相关政策需求以及履约计划，通过建立有效的信息管理系统，监督政策对象的执行效果和行为变化及其绩效，是国家方案执行情况、行业计划执行情况、政策执行情况以及企业履约情况的监督手段。

③政策宣传和培训制度：通过对政策对象、政策执行者以及公众提供必要的宣传和培训，使相关信息通达到政策对象，改善其履约行为；使政策执行者充分了解相关政策并提高其执行政策的能力；提高公众意识，加强社会监督能力，并通过最终消费者的行为改变对 ODS 及其制品的市场需求动力。

伴随 ODS 淘汰进程以及替代品 / 技术的开发、引进和应用，一些过去采用的相关技术标准和规范进行修订，建立了一些新的标准和规范，确保了相关的政策和规定能够顺利实施，比如制冷剂的标准、回收设备的标准等。

在 ODS 控制政策体系中，按照不同的特点，政策手段可以概括为基于行政管理命令的控制型政策手段；基于市场的经济激励政策手段以及基于最终消费者选择的政策手段，这些手段相互支持、相互补充，构成一个有效的政策整体。

在 ODS 控制政策体系中，特别强调了对非法行为的打击和处罚，包括对非法生产，非法贸易，非法消费行为的监督、查处；对非法生产装置的捣毁和拆除；对非法获利的罚没；对超配额生产、超配额消费的罚款处罚等，对严重的违法行为更要追究刑事责任。在行动中环保、工商和公安部门联合行动，对非法行为严厉打击，形成威慑力量，保证了政策的执行成效。

为了打击非法贸易现象，国际社会开展了联合行动。在联合国环境规划署的组织下，中国、印度、蒙古、尼泊尔、泰国，以及整个亚太地区逐步形成网络，通过双边和多边合作，严厉打击非法贸易。

中国 ODS 政策体系的制定和执行，涉及国务院臭氧层领导小组的各成员单位、各级环境保护行政主管部门、有关的行业主管部门。其中，国家环保主管部门在政策制定方面具有重要的作用，而国家环保主管部门以及各级环境保护行政主管部门在政策执行方面扮演重要角色。

2.4 ODS 淘汰的具体活动

2.4.1 淘汰量和所获资助

表 1 截至 2011 年多边基金批准项目基本情况

	项目数	消费淘汰 /ODPt	生产淘汰 /ODPt	生产 + 消费 /ODPt	多边基金批准资金 / 美元
全球	6 973	275 684	185 462	461 146	2 547 130 893
中国	521	123 507	129 598	253 105	933 673 402
中国占全球比例	7.5%	44.8%	69.9%	54.9%	36.7%

截至 2011 年，中国近 520 个项目得到多边基金的资助（其中包括各个行业计划的年度计划作为单个项目的方式），累计获得的资助金额达到 9.34 亿美元（2012 年价为 11.7 亿美元），用于 25.3 万 t ODP 物质生产（13.0 万 t）和消费 (12.3 万 t) 的淘汰。同期全球共批准多边基金资助金额 25.47 亿美元，用于发展中国家 46.1 万 t ODP 生产（18.5 万 t）和消费（27.6 万 t）的淘汰。从表 1 可以看出，中国以 7.5% 的项目数完成了总淘汰量（生产 + 消费）的 54.9%（表 1）；使用多边基金 36.7% 的资金，完成了 54.9% 的淘汰任务；费

用有效性比其他发展中国家高出一倍，中国的平均（生产 + 消费）费用有效值为 3.69 美元 /kg，其他发展中国家加权平均值为 7.76 美元 /kg。

中国历年获得的多边基金资助金额见图 6，历年获得的多边基金项目数以及相应淘汰量见图 7。

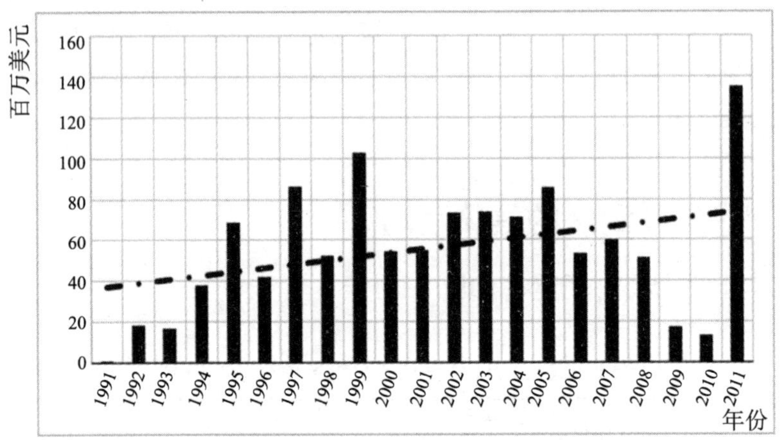

图 6　中国历年获得的多边基金批准资金（2012 年价）

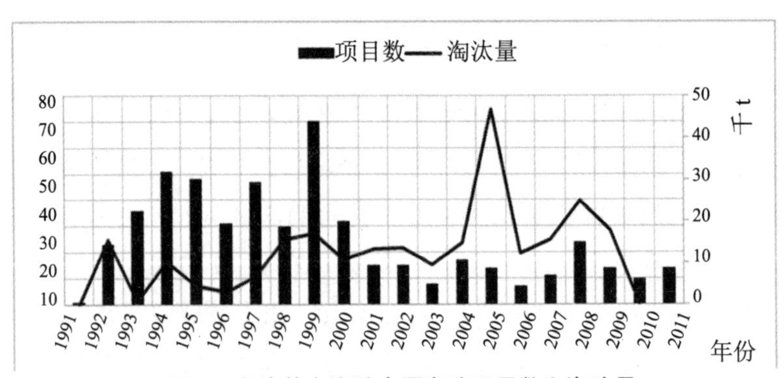

图 7　多边基金资助中国淘汰项目数和淘汰量

2.4.2 实现淘汰的方式和特点

中国淘汰 ODS，经历了从单个项目，转向伞形项目、行业计划和国家 (管理) 计划的发展模式。多边基金成立初期，由于基金制度建立、替代技术探索和示范、实施模式建立等因素，采用以单个企业为主的方式开展项目审查、立项、实施和监督方式开展讨论活动。从 1991 年项目启动至 1994 年，逐年批准项目数量激增（从 1991 年 1 个项目，1992 年 23 个项目增加到 1994 年 51 个项目），4 年累计批准 111 个项目。单个项目的实施方式使得国际执行机构及 PMO 忙于应付项目各个阶段的准备、审查、采购等工作。认识到上述工作量巨大的难题，1995 年中国政府提出采用行业机制的模式开展淘汰活动，该方式得到多边基金执委会的支持。经过两年的努力，中国完成了《中国消防行业哈龙整体淘汰计划》的编制，该机制是一种以费用有效性为特征，以政策和监督管理以及项目实施机制创新为保证的新的 ODS 的淘汰方式，这种方式得到了国际社会的普遍认可，并被命名为新的行业机制，随后被采纳作为一种可广泛推广的 ODS 淘汰模式。2002 年初，在全球环境基金（GEF）的实施十年评估报告中，行业机制方式被 GEF 推荐为该基金项目的实施方式。行业机制以社会经济发展为背景，综合考虑行业的发展现状、技术现状、替代技术选择、企业规模、淘汰时间安排、政策等因素的行业整体淘汰模式，为中国履行相关国际环境协议的行动节约了成本。《中国消防行业哈龙整体淘汰计划》是全球第一个以行业整体淘汰方式编制的淘汰计划，依据此计划，获得了议定书多边基金 6 200 万美元的一次性资助，并成功实现了行业淘汰目标。随后清洗行业、烟草行业、泡沫行业及化工生产等行业均实施了行业的 ODS 整体淘汰计划，以整体淘汰的方式实现了淘汰目标。

在实施 ODS 淘汰过程中，中国从单个项目机制转为行业整体淘汰机制，极大地提高了淘汰过程的管理效率。然而，《议定书》

中对中国的关键要求是在国家水平上控制 ODS 生产和消费到特定水平，因此，管理体系的改进应该考虑国家淘汰目标的要求。在行业机制实施到 2004 年，中国开始建立从行业水平到国家水平的有效机制。为实现国家水平的 ODS 控制，中国着重开展了以下几个方面的工作：①适时制定和执行相应的政策法规，在履行《议定书》的过程中，中国政府努力制定和实施了一系列政策法规并收到了预期的效果。中国通过制定和执行有效的政策和法规，实现了对 ODS 生产、消费和销售的管理，通过政策调节或激励和强制手段影响消费者或企业的消费行为。②大力推进 ODS 替代品的生产和消费，在近二十年的履约期间，中国加强替代品生产能力建设，刺激替代品市场供应，是保障 ODS 淘汰不可缺少的重要部分。只有解决了替代品的问题，才能从根本上保证淘汰的顺利进行，保证相关行业的正常发展。③通过宣传教育与培训提高了决策者、管理者、企业和公众的臭氧层保护意识。教育宣传和培训是动员公众和企业参与 ODS 淘汰的重要手段，中国政府在这方面进行了许多工作。2004 年，中国加速淘汰 CFCs 和哈龙的计划得到多边基金核准和资助，全面开始了针对 CFCs 和哈龙的国家水平控制淘汰计划。为实现 2007 年全面淘汰 CFCs 和哈龙奠定了基础。

2.5 加强地方消耗臭氧层物质淘汰能力建设

为加强对淘汰 ODS 相关政策执行效果的监督检查，促进淘汰工作的落实，环保部积极开展了加强地方政府消耗臭氧层物质淘汰能力的建设项目。该项目目标是：各省市环保局通过组织开展调研，摸清家底，分级建立 ODS 生产和使用企业信息系统，建立各省市数据申报、登记和核查制度；通过落实国家 ODS 淘汰政策，开展执法检查等工作，保证国家履约目标在各地方的实现；通过宣传培训，进一步提高地方政府和公众的履约意识，培养建立一支具有较全面履约知识和能力的履约队伍，建立起省、州（市）协调配合的联动机制。

各地方政府的具体任务包括：①完善履约的组织协调机构，制订工作计划，开展能力建设。②对本省辖区内ODS生产和使用现状进行调研，摸清家底，分级建立ODS生产和消费企业数据库及信息系统。③组织各级环保部门开展培训，提高对ODS淘汰工作和履行环保国际公约的认识，提高执法人员的执法水平，为实现国家阶段性履约目标提供有力保障。④以各种形式广泛开展保护臭氧层和淘汰ODS的宣传工作，宣传鼓励ODS替代品的使用，提高公众、地方政府和企业的履约意识。⑤贯彻落实国家颁布的ODS淘汰政策，完善地方配套政策，开展执法检查，建立监管体系。⑥逐步建立对原料、特殊用途等领域ODS使用的申报登记和监管制度，探索建立淘汰ODS的长效管理机制。⑦逐步建立一支具有较全面履约知识和能力的履约队伍，建立起环保部门牵头，相关部门参与，省、州（市）、县（区）三级联动的工作机制，探索可持续履约途径。

各地方政府组织开展了辖区内ODS生产、使用与销售情况调研，获得了ODS相关企业名单和信息。各地政府还结合“6·5世界环境日”和“9·16国际保护臭氧层日”，积极开展多种形式的淘汰ODS宣传活动，入学校、下基层、进社区，大力提高社会公众意识，提高全民履约意识，动员全社会力量，加速淘汰ODS。各地还结合实际，针对不同对象，采取集中培训，开展淘汰ODS的培训考察；各级环保部门将ODS执法监督纳入日常环境管理工作中，认真贯彻落实淘汰ODS相关政策，广泛宣传国家推荐使用的ODS替代产品和替代技术，推动相关行业积极开展ODS替代产品及技术的推广应用。

通过实施能力建设项目，相关省市如期实现了国家淘汰 ODS 的目标与要求；建立起多部门参加，环保部门牵头的省、州（市）、县（区）三级联动的工作机制。完成了 ODS 生产、销售和使用情况调研，为今后更好地实现 ODS 的长效管理提供了保障。地方政府加强对淘汰 ODS 的监督执法，将 ODS 的管理纳入日常环境管理工作中，形成 ODS 的日常管理机制。各地积极开展形式多样的 ODS 宣传活动，提高了相关人员和公众保护臭氧层的意识和履约意识。通过组织开展卓有成效的培训，提升了地方环保部门的履约能力和基层环保执法人员对淘汰 ODS 的监督管理水平。

2.6 ODS 替代品生产项目的实施和作用

经过长期的发展，中国的企业界、科技界已具备了 ODS 替代品技术开发与生产能力。中国在某些替代品生产方面已具有了相当的产量和规模，并自行开发研制成功了若干种重要替代品的生产技术和工艺，为建设现代化的替代品生产行业奠定了坚实的基础。

替代品的发展是 CFCs 淘汰工作的重要保障，只有替代品的推广成功，CFCs 才能真正地、完全地被淘汰，才能保证化工生产行业的健康发展，保证相关消费行业乃至国民经济的顺利发展。多边基金执委会批准的《中国化工行业 CFCs 生产整体淘汰计划》和《中国消防行业哈龙整体淘汰计划》，也特别强调中国要尽可能有效地使用多边基金，在淘汰哈龙、CFCs 生产的同时，支持替代品的生产。在多边基金执委会批准的哈龙和化工行业淘汰赠款计划中，都有一定数量的资金可用于支持替代品的生产，这对于发展中国替代品生产的新型企业提供了有利的条件，具有有效的推动作用。

原国家化学工业部组织实施了“八五”国家科技重点攻关项目“CFCs 替代品工艺开发”的研究，为替代品装置建设进行技术储备。

1994 年 6 月，原化学工业部在杭州成立了化学工业部 ODS 替代品工程技术中心；1994 年 10 月，为促进逐步将中国的 ODS 生产转换为替代品生产，组织专家组进行了 HFC-134a 建设项目的选点调查和项目可行性研究准备工作。1996 年 1 月，在杭州召开了国内开发 ODS 替代品技术交流会，这是国内首次 ODS 替代品技术研发的同行专家进行跨系统、产学研单位间的技术交流。

2.6.1 HFC-134A 生产线的建设

1999 年 8 月，世界银行同意中方进行 HFC-134a 建设的可行性研究；1999 年 8 月，多边基金执委会同意进行 HFC-134a 生产线的建设，开始了前期的工作。1999—2001 年经过充分的论证和公开招标，西安金珠近代股份有限公司 [中化近代环保化工（西安）有限公司] 中标，最终以特别机制项目的形式设立此项目，开始生产线的建设。2003 年 12 月，5 000 t/ 年 HFC-134a 生产装置正式投料试车，2003 年底已生产出合格的产品。其后又进行二期项目将生产能力提高一倍。到 2006 年中化近代环保化工（西安）有限公司已具备万 t HFC-134a 产能。

2.6.2 哈龙替代品的生产

在哈龙淘汰后，为了满足中国国内替代品的供应和消防行业的需求，根据中国政府与多边基金执委会的协议，允许中国使用多边基金用于哈龙替代品的开发。国家环境保护部向《蒙特利尔议定书》多边基金申报，利用赠款建设替代品生产线及哈龙回收中心，来满足中国消防行业对替代品及必要场所对哈龙的需求。

在中国，ABC 干粉、CO_2 和 AFFF 灭火器是哈龙 1211 手提灭火器最主要的三种替代灭火器。

（1）ABC 干粉生产线项目的建设

在哈龙淘汰前，中国 ABC 干粉产量很小，随着哈龙的淘汰，经济的发展，国家消防法规的完善，作为国际上普遍使用的灭火剂 ABC 干粉的需求量会有较大增长趋势。因此，通过专家论证，利用《中国消防行业哈龙整体淘汰计划》的节余资金资助建设一条年产 3 000t 的 ABC 干粉生产线项目。

ABC 干粉生产线设备采购采用国际采购方式，所有生产线进口设备于 2000 年 4 月到达工厂，5 月全部设备和管线安装完毕，外方专家到现场对全部设备进行调试、试车，生产线顺利建成。

（2）轻质 CO_2 灭火器瓶体生产线项目的建设

CO_2 灭火器也是哈龙灭火器的主要替代物之一，随着哈龙的淘汰市场需求量不断增大。但当时中国的消防企业是小规模生产，而且国内 CO_2 灭火器的瓶体绝大多数仍采用国际上已淘汰的碳钢瓶体，十分笨重，灭火操作十分不方便。因此，在中国大力发展和建设轻质 CO_2 灭火器是非常必要的，其可以提高中国消防行业的技术档次和水平，也是顺应发展趋势和国际接轨的需要。经过专家多方面论证，中国政府决定利用《整体淘汰计划》的节余资金资助建设一条年产 60 万具轻质 CO_2 灭火器瓶体生产线。该项目是利用《哈龙整体淘汰计划》的节余资金资助建设的最大的一个替代品生产线项目，所资助的资金占整体淘汰计划资金的近 10%。由此可看出，该项目在《哈龙整体淘汰计划》中的地位。山东潍坊东明消防器材有限公司承担建设了轻质 CO_2 灭火器瓶体生产线。

（3）植物蛋白泡沫灭火剂

大连宏信消防技术开发有限责任公司经过多年的努力，自行研制开发出一种环保型植物蛋白轻水泡沫灭火剂。该产品以植物蛋白萃取物为主要原料，并辅以一定的食品添加剂，通过定量磁化和辐射加工等生产工艺制成。该灭火剂具有无污染、无毒、灭火效果高、可在低温下保存使用、储存期长等特点，能够扑灭 A、B 等类火灾。在《哈龙整体淘汰计划》实施过程中，将该产品列入替代品建设资助计划项目，先后资助宏信公司建立灭火剂质量控制和检测设备和扩建 3 600 t/ 年水成膜泡沫灭火剂生产线。

3 各相关行业的消耗臭氧层物质淘汰活动

中国的消耗臭氧层物质（ODS）淘汰，经历了从单个项目转向伞形项目和行业计划的模式。行业机制以社会经济发展为背景，综合考虑行业的发展现状、技术现状、替代技术选择、企业规模、淘汰时间安排、政策等因素的行业淘汰模式，在行业内通过投资项目，技术援助项目，政策措施等手段实现行业的整体淘汰，为中国履行相关国际环境协议节约了成本，极大地提高了淘汰过程的管理效率。中国政府先后在哈龙、化工生产、汽车空调、清洗等行业制订了相关的行业 ODS 淘汰计划，并得到多边基金执委会的批准和资助；从而保证了中国整体 ODS 淘汰目标的实现。

3.1 化工行业 CFCs 生产淘汰活动

中国化工 CFCs 生产行业通过实施《中国化工生产行业 CFCs 整体淘汰行业计划》（简称《行业计划》），逐步削减并最终淘汰了 CFCs 的生产（除必要用途外），全面关闭了 35 家生产企业的 CFCs 生产线，淘汰了约 50 351t ODP CFCs 的生产，为中国提前淘汰 CFCs 目标的实现作出了突出贡献。

1995 年，化工行业编制了《中国化工生产行业削减消耗臭氧层物质战略》，并开展了对“CFCs 装置关闭补偿费用”计算方法的研究；提出了生产行业应与消费行业具有同等获得多边基金资助权利的主张，该主张获得国际社会的认可。1998 年，为进一步推动 CFCs 生产行业的淘汰行动，国家环境保护总局、国家石油和化学工业局联合组织编制了《中国化工生产行业 CFCs 整体淘汰行业计划》。整个计划的编写工作由原北京大学环境科学中心完成。在开展行业计划的编写工作之前，组织了业内专家开展 CFCs 生产企业调查，实地了解各生产企业的生产能力和生产工艺，产品原料、能源消耗，以及企业产品销量、企业利润等情况，形成了《生产调查报告》；该生产调查为行业计划的制定奠定了重要的基础。《中国化工生产行业 CFCs 整体淘汰行业计划》在详细分析了行业背景的前提下，在“生产、消费、替代、政策”四同步的战略指导下，依据中国化工行业 CFCs 生产整体淘汰计划目标，提出了淘汰战略，计算了淘汰 ODS 生产的增加费用，规划了中国化工行业 ODS 的生产淘汰政策，制定了行业计划的运作机制。生产配额制度和招标制度在化工生产行业 CFCs 淘汰活动中发挥了重要作用。1999 年 3 月，该计划以中国和多边基金执委会间达成的《关于中国生产行业的协议》的方式被批准。通过该协议，执委会批准 1.5 亿美元资助中国在 1999—2010 年逐步淘汰 CFCs 年产量 51 321t（折合 50 351t ODP）。在行业计划的实施过程中，国家环境保护部和原国家石油和化学工业局积极推进该行业计划工作的开展，及时发布了《关于实施 CFCs 生产配额许可证管理的通知》，对 CFCs 的生产实行配额管理，使 CFCs 生产淘汰活动进入有序稳定可控的轨道。

1999 年中国拆除了 24 家 CFCs 企业的生产装置：第一批拆除了 17 家已经停产及开工率较低的 CFCs 生产线，淘汰生产能力约 2.6 万 t/ 年；第二批通过招标，拆除了 7 家企业的 CFCs 生产线，完成了规定的冻结目标。2000—2004 年通过招标，拆除了 5 家中标企业的 CFCs 生产线，淘汰生产能力近 15 500 t/ 年，削减了 1 家 CFC-113 的生产配额。对继续生产的企业，按照国家环保总局和国家石油和化学工业局联合发布的《关于实施 CFCs 生产配额许可证管理的通知》规定，发放了 CFCs 生产配额许可证，从而保证了中国 CFCs 生产行业的淘汰工作顺利进行。2006 年中国又拆除了 4 家 CFCs 企业的生产线。以后每年均按计划削减 CFCs 生产配额。

根据保护臭氧层的迫切需要，中国政府决定承担更重的责任。2004 年 11 月，中国政府与多边基金执委会达成了《关于全氯氟烃 / 四氯化碳 / 哈龙加速淘汰计划》的协议（简称 APP 协议 ）。该协议要求：①中国于 2007 年 7 月 1 日除豁免的必要用途生产外，全面停止 CFCs 生产，这样就比《议定书》规定的时间提前两年半淘汰 12 000 t ODPCFCs；②于 2008 年 1 月 1 日起，禁止进口 CFCs 产品（必要用途和回收除外）；③ 2006 年和 2007 年国家需储存一定 CFCs 产品用于制冷维修用途；④对每年 CFCs 的净出口额度（即出口量减去进口量）作出了限制。

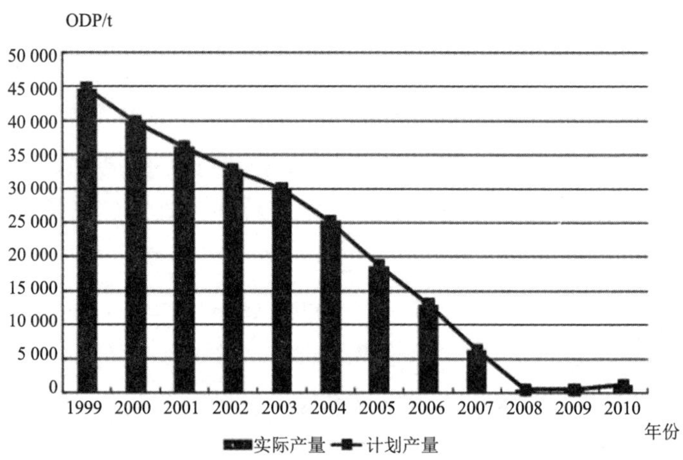

图 8　CFCs 实际产量与行业计划控制量的分年度对照图

2007 年 7 月，CFCs 生产行业最后 6 家生产企业签署了生产淘汰或减产合同。至此，36 家 CFCs 生产企业的生产线，除保留一条必要用途外，其余全部拆除完毕，标志着 CFCs 生产行业淘汰计划的全面实现，提前两年半完成了《行业计划》规定的目标。图 8 为 CFCs 实际淘汰量与行业计划控制量的分年度对照图。

3.1.1 CFCs 生产淘汰的历程

CFCs 生产的淘汰通过两种途径实现，一是一次性拆除生产企业的CFCs生产线，二是逐年削减CFCs生产量直至生产线的拆除。为此，中国政府在 1999 年制定并发布了生产配额许可证管理制度。在配额设定中，控制生产总量不超过《协议》规定的生产量上限，并考虑了各消费行业淘汰的进程，使配额在各产品品种之间得到合理分配。

中国关闭CFCs生产装置的指导原则是“先易后难、先小后大”。按照这个原则，中国 CFCs 生产淘汰情况主要分四个阶段：

第一阶段（1999 年）：1999 年拆除了山东东岳等 1997 年停止生产的 15 家企业的 CFCs 生产线，按照控制品种需求的原则拆除了开工率较低的 2 家企业的生产线，并拆除了经招投标程序中标的 7 家企业的生产线，共削减 CFCs 生产配额 5 503t ODP。

第二阶段（2000—2004 年）：通过招标，拆除了湖山制冷剂和海天化工等 5 家企业的 CFC-11、CFC-12 生产线，淘汰 CFCs 生产能力 15 500 t/ 年；同时削减了 1 家生产企业的生产配额 50 tODP（为满足清洗行业的淘汰需求），总计削减 CFCs 生产配额 4 854 t ODP。

2001 年，通过招标，拆除 3 家企业的 CFC-11，CFC-12 和 CFC-113 生产线，淘汰 CFCs 生产能力 7 500 t/ 年，削减 CFCs 生产配额 4 235 t ODP；其超出 CFC 生产淘汰协议规定的当年淘汰 3 800 t ODP 目标。为不使市场出现短缺，通过竞拍 435 t ODP 配额量给持有配额继续生产的企业。

2002 年没有 CFCs 生产线的拆除，削减生产配额总计 3 300

tODP。2003 年，拆除 2 家企业的 CFC-12 生产线，淘汰 CFCs 生产能力 6 000 t/ 年；共削减 CFCs 生产配额 2 900 t ODP。2004 年削减 5 家企业的生产配额，总计 4 700 t ODP。

第三阶段（2005—2007 年）：2005 年削减 4 家企业的生产配额总计 6 550t ODP。2006 年拆除了 1 家 CFC-113 生产线；至此 CFC-113 生产彻底终止；并削减企业生产配额 5 659 t ODP。2007 年上半年削减常熟 5 家企业的生产配额 7 270 t ODP。

第四阶段（2008—2010 年）：2007 年下半年拆除了常熟 3F 等 5 家企业所有 CFCs 生产线；仅保留了浙江衢化 1 条 CFCs 生产线，进行药用气雾剂（MDI）所需 CFC-11 和 CFC-12 的生产。共淘汰 CFCs 生产能力 26 450 t/ 年，削减 CFCs 生产配额 5 271 t ODP，主要是为履行 2008 年产量不能超过 550 t ODP 目标而提前采取的行动。

3.1.2 政策措施在淘汰行动中的作用

在中国的 ODS 淘汰过程中，配额管理起着重要的作用。根据配额管理制度，无生产配额的企业不得组织生产，有配额的企业按照所获配额安排生产。生产配额总量根据已经批准实施的《CFCs 生产行业整体淘汰计划》确定，企业年度生产配额由国家环境保护部会同有关行业部门确定并向申请企业颁发许可证。持有配额生产许可证的企业之间可协商有偿转让配额。国家环境保护部通过招标方式用多边基金购买企业生产配额，使 ODS 生产企业逐步减产或关闭。

CFCs 生产配额制度的实施是以政策的形式，通过颁布相关制度得以贯彻实施。1999 年起，中国发布了《关于实施 CFCs 产品生产配额许可证管理的通知》，并于 1999 年开始下发生产配额。CFCs 生产配额许可证制度是实施《中国 CFCs 生产行业淘汰计划》的主要手段，是确保生产行业顺利完成淘汰目标的主要政策，其使淘汰活动所达到的目标更具有可操作性和可控性，使目标的实现更有保证。

CFCs 生产企业的配额随着每年国家淘汰量而等比例削减，允许企业之间进行配额交易，这给企业的生产带来了很大的灵活性。每年生产企业向环境保护部门申请许可证，主管部门根据履约目标确定年度 CFCs 生产总额，核定企业所具有的生产配额量并向企业发放当年 CFCs 的生产配额许可证。每季度企业上交生产配额执行情况和销售明细的报告，进行审查，并对企业产品的消费领域进行管理。每年度由国际执行机构世界银行和国家审计署对企业进行核查和审计。

招标机制与 CFCs 生产配额许可证制度相配合。为鼓励企业尽早关闭 CFCs 生产线，CFCs 生产行业引入了招标机制。招标机制是为提高资金使用效率、激励企业尽早采取淘汰活动而建立的工作机制，这样就确保了每年减少 CFCs 生产的目标和拆除 CFCs 生产线目标的实现。

为保证生产企业不超配额生产，中国政府建立了对生产企业严格的监督管理制度，包括数据报告制度、驻厂督察员制度、核查和审计制度。数据报告制度要求企业按季度向环保部提供详细的生产数据。驻厂督察员制度则是由生产企业推荐职称人员，经环保部审核后分别委派到相关企业，对生产进行实施监督，并向环保部报告督查情况。同时，每年度国家审计署受环保部外经办委托对生产企业进行审计，通过审查各种生产、销售记录核查企业执行削减合同的情况。世界银行也派专家到现场进行独立的核查，核查企业是否超配额以及生产线关闭情况。执委会认可的世界银行核查报告是其拨发下一年度资金的唯一依据。

此外，地方环境保护局、地方行业管理部门在《行业计划》的执行过程中起到了有力的推动和监督作用。地方和行业管理部门，对企业生产、销售等活动有着更深层次的了解，也是监督当地ODS淘汰工作的重要角色。在CFCs生产企业淘汰过程中，企业所在的地方环境保护部门或当地政府的管理人员出席生产线拆除现场，监督整个拆除工作的实施。在拆除工作完成后，当地管理部门也严格执行生产禁令，高效率地履行了监管工作。

3.1.3 技术援助项目推动了淘汰行动

技术援助项目包括对相关人员进行CFCs生产企业淘汰项目实施政策和规定的培训、关闭CFCs生产线企业的技术选择研讨会、编制替代品标准、编制替代品发展战略、建立管理信息系统和审计等内容；这些项目有力地支持了整个CFCs生产淘汰行动。

（1）人员培训

为了推进CFCs生产淘汰工作的顺利进行，环境保护部共计召开了几十次淘汰活动培训，培训对象有地方政府管理部门、生产企业、海关人员和经销商等相关人员。环境保护部依据淘汰进程的发展需要确定每次培训的具体内容。淘汰初期，主要是针对生产企业和地方政府管理部门人员进行培训；淘汰中期，主要是针对审计和海关人员进行培训；淘汰末期，主要是针对经销商和督察人员进行培训。这些培训活动普及了政策知识，明确了相关规定和要求，对完成淘汰工作发挥了重要作用。各地方政府根据相关要求和工作需求，也不定期地举行了淘汰活动的培训。

（2）履约能力建设

为了打击ODS非法走私，国家环境保护部组织了相关人员出国考察，学习发达国家的先进管理办法和经验。CFCs可用作原料用途，为避免化工原料用途的CFCs转为ODS受控用途，组织了《中国ODS作为原料用途的生产与使用管理战略研究》项目。为翔实了解CFCs的使用情况，加强经销商的管理，并对HCFCs的淘汰工作有所启示，组织了《CFCs 产品经销商调研》项目。为了防止 CFCs 生产行业的年产量超过规定值，项目管理办公室（PMO）制定了驻厂督察员制度，在现场督察企业的生产。此外，国家环境保护部定期组织驻厂督察员的培训、年终督察情况交流总结等相关活动。

化工生产行业建立了 CFCs 淘汰管理信息系统。通过系统实时监控企业 CFCs 生产和淘汰状态，防止企业 CFCs 的生产量超过配额允许量，监管和生成生产产品数据和项目进度报告。

以计算机数据库和 WAN 为平台，运用现代通信技术作为主要工具，在现有海关总署计算机网络系统的基础上，实现进出口办与全国各海关关口广域联网，建立了 ODS 进出口电子管理网络信息系统。

（3）替代品 / 替代技术调研和规划

关闭生产企业的出路问题与《行业计划》的完成情况息息相关。只有关闭的 CFCs 生产企业成功转型，社会才能稳定，非法生产才不会出现。为此，PMO 组织了两期“关停企业前景市场研究”、转产技术选择国家研讨会等活动，为企业顺利转型提供帮助。此外，组织开展了“中国 ODS 替代品发战略研究”、HFC-134a 生产建设可行性研究、2004 年 ODS 替代技术国际研讨会等工作。

替代品标准制定的工作与替代品开发的研究工作同步进行。1999 年，化工行业制定了《环戊烷、HCFC-141b、HFC-134a 的标准》；2000 年，该行业制定了《HFC-152a 和异丁烷的标准》。这些工作推动了这些替代品在消费行业的应用。

3.2 消防行业哈龙整体淘汰活动的实施

20 世纪 90 年代，中国消防行业灭火剂哈龙 1211 和哈龙 1301 的消费量占当时全国 ODS 消费量的三分之一以上，消防行业哈龙的淘汰将对《国家方案》有效的实施具有重要意义。为逐步淘汰哈龙，中国从 1993 年开始陆续向多边基金执委会申报哈龙淘汰项目，截至 1997 年多边基金执委会已批准的单个项目金额为 465.7 万美元。这些多边基金支持项目所实现的淘汰帮助中国将 1996 年的哈龙消费量冻结在 1995 年的水平上。

单个项目的淘汰方式在中国 ODS 淘汰行动之初发挥了重要作用。但是，这一方式在中国复杂多样化的行业状况以及经济快速增长的环境中具有局限性。其一，按单个项目进行准备和批准实施的方式不能形成战略性的淘汰，无法实现行业水平上的总体控制和淘汰活动的费用有效性；其二，由于缺乏政策措施和整体限制，ODS 淘汰项目的执行不能转化为行业或国家水平上的 ODS 削减；其三，中国 ODS 淘汰涉及的是数量众多、不同类型的企业，其管理水平和技术水平参差不齐，以单个项目方式进行的 ODS 淘汰行动不能适应中国臭氧层保护行动的整体需要。因此，如何在不影响经济快速发展的情况下，以最有效的方式淘汰 ODS，成为中国保护臭氧层行动面临的一个重要问题。

3.2.1 行业淘汰机制的建立

1995 年 6 月在西安召开的“中国淘汰 ODS 行业战略国际研讨会”上，首次提出了行业整体淘汰的概念，希望借此能够进一步提高 ODS 淘汰的效率，加速 ODS 淘汰的进程。中国政府做了积极的准备和论证，推动新机制的实施。

1995 年，公安部消防局哈龙转轨领导小组在多边基金的资助下，组织专家对消防行业哈龙的生产、消费状况及国内外替代品的生产和使用情况进行了调研，提出了消防行业的《哈龙淘汰战略》。该战略在分析了中国哈龙灭火剂以及灭火器、灭火系统的生产现状后，确定了中国哈龙淘汰的战略目标、实施哈龙淘汰的原则、推荐的替代技术和实现淘汰的资金需求，为哈龙整体淘汰计划的制定奠定了基础。

在原国家环保局、公安部和世界银行的共同组织下，由北京大学环境科学中心、公安部天津消防科学研究所、中国国际经济咨询公司与世界银行的专家组成的工作组在 1996 年 5 月共同完成了哈龙行业淘汰方式和机制的研究工作，于 1996 年 6 月提交了《中国消防行业哈龙整体淘汰计划》，并于 1997 年 11 月获得执委会批准，获得了 6 200 万美元的资金支持。1998 年开始正式实施行业计划，哈龙淘汰进入了一个崭新的阶段。

在实施行业计划过程中，国家环保局和公安部全面规划、精心组织，严格执行行业计划，积极推进哈龙 1211 和哈龙 1301 的生产和消费淘汰，同时在中国化工建设总公司和国家审计署等单位共同协助下开展了针对性的宣传、培训和审计工作。

生产淘汰是哈龙淘汰的重中之重，原国家环保局和公安部于 1997 年联合发布了《关于实施哈龙灭火剂生产配额许可证管理的通知》，对 7 家哈龙灭火剂生产企业实行配额管理，依据核定的企业最高年生产许可量来实现对行业哈龙生产的控制，经过哈龙生产淘汰招标机制，逐年减少发放给各哈龙企业的生产配额，在 2006 年之前完成了哈龙 1211 的生产淘汰，并将所有哈龙 1211 生产线全部拆除。2005 年之后仅有浙江蓝天环保高科技股份有限公司生产哈龙 1301，该企业于 2010 年前完成了哈龙 1301 的生产淘汰。

在哈龙生产淘汰的同时，哈龙消费（即哈龙 1211 灭火器及系统，哈龙 1301 灭火系统）的淘汰同步进行。根据中国哈龙灭火器企业规模和技术水平参差不齐的情况，中国采取了鼓励规模小、技术落后的企业关闭，规模较大而技术水平较高的企业转产的政策。公安部消防局在 1994 年发布了《关于在非必要场所停止再配置哈龙灭火器的通知》，界定了三大类 51 种非必要场所，明确规定在非必要场所不准新配置哈龙灭火器，并通过各地消防部门加强该政策的实施监督。此外，从 1999 年开始，中国对哈龙的进出口开始实施配额许可证管理。在 2006 年和 2010 年分别完成了哈龙 1211 和哈龙 1301 的消费淘汰，完成 61 家哈龙灭火器和 21 家哈龙灭火系统生产企业的淘汰。

3.2.2 哈龙淘汰的历程

在对中国消防行业哈龙生产和消费进行全面调查并对以往淘汰工作认真分析和总结基础上，《行业计划》阐述了包括政策在内的最新淘汰措施；提出了必要政策体系以及所需的支持手段；在费用有效的原则下，给出了中国实施哈龙淘汰的总增加费用和向多边基金申请的可资助增加费用；规划了包括监督、评估和报告程序的管理机制，从而确保行业计划得到完全实施。该计划的制定有利于政府有关部门在实施整体淘汰计划时，发挥其综合规划和管理职能；有利于发挥经济刺激手段的作用；有利于降低消防行业哈龙淘汰过程的不确定性；有利于提高多边基金的利用效率；确保实现哈龙的整体淘汰战略。

《行业计划》充分体现了生产淘汰、消费淘汰、替代品发展和政策体系四同步的原则。在生产淘汰政策制定时充分考虑中国面临的生产和消费淘汰形势、替代品的生产现状等因素，建立一套完整的政策措施支持体系，不仅保证了中国哈龙淘汰目标的实现，同时还利用技术援助活动和特别机制活动开展替代品战略开发工作，为整体淘汰活动起到了促进作用。

《行业计划》规定从 2006 年 1 月 1 日起全部停止哈龙 1211 的生产；从 2010 年 1 月 1 日起全部停止哈龙 1301 的生产。淘汰进程分为三个阶段实施，其中哈龙 1301 的淘汰进程，自 2004 年起按照《中国 CFC/CTC/ 哈龙加速淘汰计划》（简称 APP）确定的目标推进。

第一阶段：自1998年开始到2000年12月31日，通过引入生产配额制度和招标机制，关闭一定数量的哈龙1211灭火剂厂（或生产线）和转产一定数量的哈龙1211灭火器生产厂，实现了淘汰60%的哈龙1211生产量的目标；全国哈龙1211的生产量削减到3 980 t，消费量削减到3 580 t。全国哈龙1301的生产量被冻结在1996年的水平。其中，1998年关闭两家哈龙1211生产企业，实现1 351 t的淘汰量；并将已停产的6家哈龙1211生产企业完成设备拆除工作，共淘汰1 050 t生产能力；并关闭部分生产线，淘汰量687 t。1998年累计淘汰哈龙生产量3 088 t。1999年，关厂淘汰哈龙1211生产能力400 t，关闭部分生产线，淘汰哈龙1211生产能力1 542 t；全年累计淘汰哈龙1211生产量1 942 t。2000年关闭部分生产线，淘汰哈龙1211生产能力1 990 t。

第二阶段：自2001年1月1日到2005年12月31日，通过招标和配额制度，继续关闭一定数量的哈龙1211灭火剂厂及生产线，支持部分哈龙1211灭火器生产厂的转产。自2003年开始，开始了哈龙1211银行的建设，并将哈龙1211灭火器维修中心改造成替代品灭火器维修中心，并执行回收哈龙1211的任务。全国哈龙1211的生产量削减到1 990 t，消费量削减到1 890 t，哈龙1301的生产量削减到200 t。2001年关闭生产线，淘汰哈龙1211生产730 t；2002年淘汰哈龙1211生产量780 t。同年，开始削减哈龙1301生产配额，淘汰哈龙1301生产量18 t。2003年部分关闭生产线，淘汰哈龙1211生产量480 t。2004年，依据《中国CFC/CTC/哈龙加速淘汰计划》设定的目标，淘汰哈龙1301生产量400 t。

第三阶段：自2006年1月1日到2010年12月31日，主要任务是完成哈龙1301的淘汰，2010年1月1日完全停止哈龙1301的生产和进口，关闭哈龙1301生产企业，转产哈龙1301灭火系统生产企业。其中在2006年关闭了最后2条哈龙1211生产线，淘汰生产量 1 990 t，自此完成了哈龙 1211 生产的全部削减。同年关闭部分生产线，实现 100t 的哈龙 1301 淘汰量。2009 年，放弃最后 100 t 生产配额，实现哈龙 1301 生产的全部淘汰。

图 9、图 10、图 11、图 12 为哈龙生产和消费淘汰完成情况。

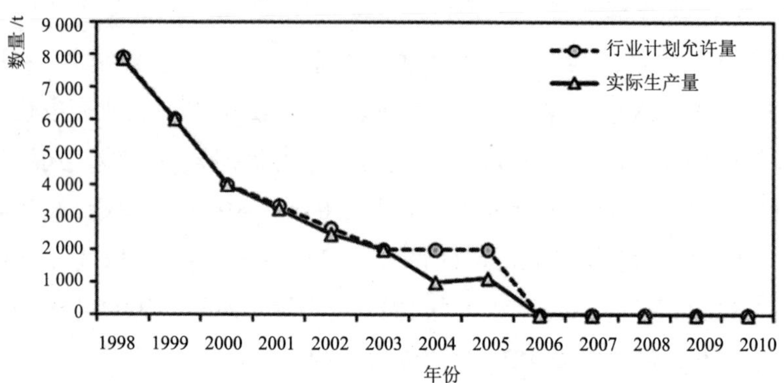

图 9 哈龙 1211 生产淘汰目标完成情况

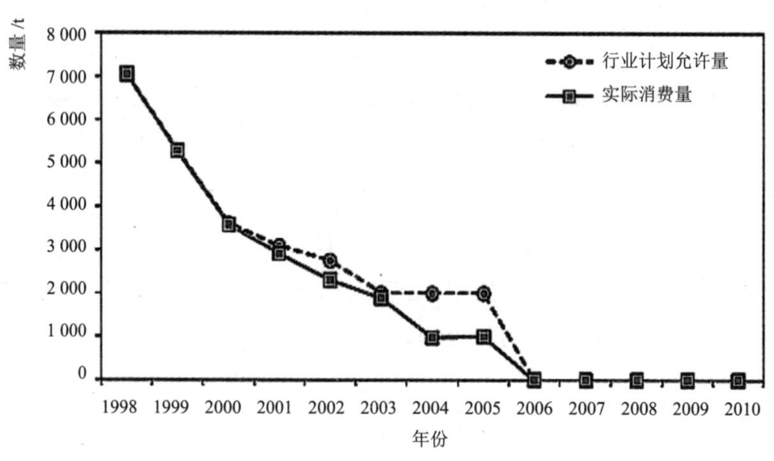

图 10 哈龙 1211 消费淘汰目标完成情况

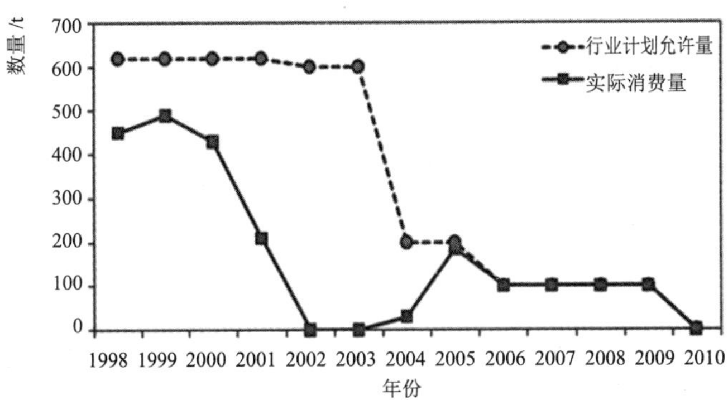

图 11　哈龙 1301 生产淘汰目标完成情况

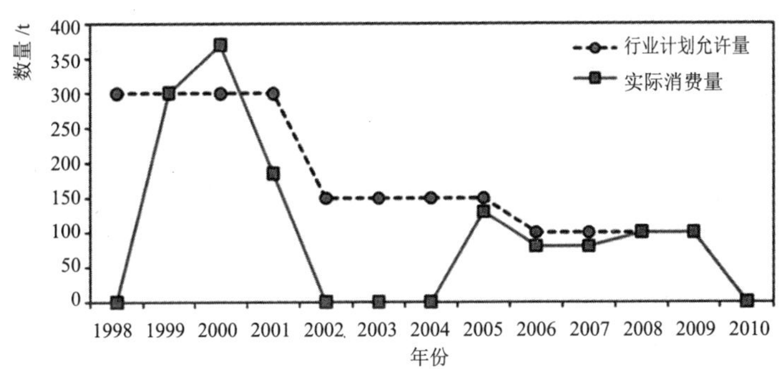

图 12　哈龙 1301 消费淘汰目标完成情况

在哈龙生产行业，共淘汰哈龙 1211 生产量 11 000 t，关闭哈龙 1211 生产企业 14 家；淘汰哈龙 1301 生产量 618 t，关闭哈龙 1301 生产企业 1 家。

在哈龙生产的淘汰同时，进行了哈龙灭火器和灭火系统的淘汰。1997 年中国共有 72 家哈龙灭火器生产企业，哈龙灭火系统生产企业 22 家。采取的淘汰方式有 5 种形式：关闭（拆除所有灭火器生产线），转产 ABC 干粉灭火器，转产 ABC/CO_2 灭火器，转产 ABC/AFFF 灭火器和转产 ABC/AFFF/CO_2 灭火器的生产。为鼓励企业尽早淘汰哈龙灭火器及系统的生产，采取了招标机制以提高资金使用效率、激励企业尽早采取淘汰措施。

3.2.3 政策措施对哈龙淘汰的作用

为实施《行业计划》，1997 年 12 月国家环保局与公安部联合下发《关于实施哈龙灭火剂生产配额许可证管理的通知》，在控制哈龙生产企业数量（即发放哈龙生产许可证）的基础上，结合哈龙配额管理措施，通过对哈龙灭火剂生产企业核定最高年生产许可量（即哈龙灭火剂生产配额）来实现对全国哈龙生产的控制。在企业数量和配额量确定的情况下，经过哈龙生产淘汰招标，政府逐年减少生产配额，直到在规定的时限内实现哈龙的完全淘汰。

哈龙生产配额管理制度的核心是在确保合法的哈龙生产企业进行正常哈龙生产权利的同时，要求企业履行保护环境的义务。根据这一原则，配额管理制度对哈龙生产企业的管理主要包括对配额许可证的核定、申请和发放，配额交易，汇报与监督、检查，对违规企业的处罚等各项规定。

哈龙灭火剂生产和消费淘汰的招标体系的建立不仅解决了选择淘汰项目单位的问题，同时也使哈龙淘汰资金的费用有效性得到明显提高。企业可以通过与其他企业在淘汰价格上的竞争，以较低投标价格得到政府补偿赠款，先期完成企业生产的转轨；政府每年可以通过组织众多企业进行投标，以较低的价格收购生产或消费企业的哈龙生产配额或哈龙灭火器生产能力，从而完成年度淘汰目标。哈龙灭火剂生产企业，必须同时具有哈龙灭火剂生产许可证和哈龙生产配额许可证，才有投标资格。对哈龙消费企业而言，则需要具备有效的哈龙灭火器生产许可证，并能够出具投标前三年购置哈龙灭火剂的增值税发票，以证明其消费哈龙的真实性。

3.2.4 技术援助项目对哈龙淘汰的推动

（1）培训类

国家环境保护部每年组织与淘汰活动相关的培训，主要培训对象为哈龙灭火剂厂、哈龙灭火器 / 系统生产厂的管理人员，另外还有相关地方政府管理部门、审计单位和海关等相关人员参与。每次培训的具体内容都依据淘汰进程的发展需要来设计。在淘汰初期，主要是针对生产企业和地方政府管理部门的人员进行培训；在淘汰中后期，主要是针对审计和海关人员进行培训。这些培训活动起到了很好的引导和宣传作用，各地方政府也根据相关要求和工作需求举行了类似活动。

（2）履约能力建设

在哈龙淘汰过程中，涉及的各种信息和数据数量庞大且繁杂，需要有专门的信息管理平台来为管理者服务，以便掌握淘汰进程，为实施淘汰计划做强大支撑。此外，相关政策在实施过程中是否可行也关系到淘汰能否取得较好的效果。同时，调动地方环保部门对哈龙淘汰的支持与配合也是十分重要的，为此，中国哈龙淘汰行业计划的技术援助活动主要包括：

①政策研究：为加强对哈龙进出口的管理，根据《议定书》缔约方大会第九次会议要求，各缔约方应制定 ODS 进出口政策以打击 ODS 的非法贸易。为此实施了《哈龙进出口管理可行性研究》项目。为保证哈龙淘汰后必要场所的需求，确保中国的消防能力不因哈龙的淘汰而降低，控制回收哈龙的再循环和哈龙的供应，有必要在中国建设哈龙银行进行协调管理，为此开展了《哈龙银行建设示范和相关政策可行性研究》，研究在中心城市建立哈龙信息管理与交易中心等政策措施的可行性。

②哈龙银行建设的可行性研究：哈龙银行是回收、储存现有哈龙，进行哈龙再循环。建立哈龙银行对中国停止哈龙生产后消防能

力的保障十分必要。经过前期研究和考察，以广东作为试点启动了哈龙回收项目。

③地方履约能力建设：环保部与公安部决定选择广东省、辽宁省、上海市和北京市作为开展淘汰哈龙工作的示范点，为全方位地开展淘汰哈龙工作摸索经验，推动全国淘汰哈龙工作向纵深推进。其主要工作包括：开展哈龙灭火器和哈龙灭火固定系统社会使用量的调查和统计分析。对哈龙灭火器的销售实施专卖制度，包括设立哈龙灭火器专卖点、地方建立哈龙灭火器销售审批制度。开展淘汰哈龙的宣传和培训工作。建设哈龙灭火器维修站示范点。开展哈龙回收净化技术和建立哈龙银行的可行性研究。

④信息管理系统：哈龙淘汰管理信息系统（简称 MIS 系统），是通过系统实时监控哈龙灭火剂企业生产状况、灭火器 / 系统生产企业淘汰情况、赠款支付状况、技术援助项目开展情况和特别机制项目开展情况等，防止企业的生产量超过配额允许量，监管和生成产品数据和项目进度报告。

（3）建立相关标准，促进替代品的应用

为保证在哈龙淘汰的同时不削弱中国的消防能力，中国政府非常重视淘汰过程中替代技术的研究和替代品的生产建设，开展了替代品标准及规范的研究，例如：① ABC 干粉灭火剂国家标准修订；②二氧化碳灭火剂国家标准修订；③七氟丙烷灭火剂国家标准制定④手提式轻质二氧化碳灭火器标准的制定；⑤气体灭火系统设计规范及气体灭火系统零部件国家标准修订；⑥手提式轻质二氧化碳灭火器检验装置的研究；⑦二氧化碳灭火器应用场所的界定研究等。通过建立哈龙替代品应用的各类规定，对消防行业淘汰哈龙起到了指导和推动作用。

3.3 三氯乙烷生产行业淘汰活动的实施

除原料用途外，三氯乙烷 (TCA) 主要用作清洗剂。到 20 世纪 90 年代末，中国共有 4 家 TCA 生产企业，生产能力达到 4 500t/ 年。

2004 年 7 月中国政府制定的《中国 TCA 生产行业淘汰计划》在第 43 次多边基金执委会上得到批准，标志着中国 TCA 生产行业淘汰行动的正式开始。截至 2010 年 1 月，在不到 6 年的时间，中国实现了将国内 TCA 生产削减到零并完全淘汰的国际承诺，比《议定书》规定的时间表早五年完成淘汰任务。TCA 生产行业的淘汰是中国保护臭氧层履约行动不可或缺的组成部分。

3.3.1 TCA 生产淘汰的历程

为成功完成 TCA 生产行业的淘汰工作，2004 年 7 月中国政府制定了《中国 TCA 生产行业淘汰计划》。《行业计划》分两个阶段执行，2004—2008 年的《第一阶段实施计划》和 2009 年—2010 年的《第二阶段实施计划》。在淘汰计划执行期间，每年均有效地控制了生产总量，保证其在准许的最大生产量以内。对 4 家生产企业，其中 3 家在 2004 年内即完成装置的关闭和拆除，最后 1 家也在要求期限内完成了生产线的拆除。

《行业计划》在淘汰目标时间节点的设置上充分考虑到与消费行业的同步。根据《议定书》的规定，中国 TCA 淘汰时间表如下：2003 年 1 月 1 日冻结在 1998—2000 年的平均水平上；2005 年 1 月 1 日削减冻结水平的 30%；2010 年削减 70%；2015 年削减到零。为满足《中国清洗行业 ODS 整体淘汰计划》的要求，《行业计划》中相应地调整了 TCA 生产淘汰的时间点；TCA 最终淘汰的时间点提前到 2010 年 1 月 1 日。即 2003 年冻结在 1998—2000 年的平均水平上；2005 年 1 月 1 日削减冻结水平的 30%；2010 年削减到零。

按照《协议》和《行业计划》的时间表，中国 2003 年 TCA 生产量冻结在 113 t ODP 的基准线水平；2005 年削减冻结水平的 30%，生产总量控制在 79 t ODP 以内；2010 年生产量削减至 0。中国在 2003—2009 年每年实际生产量均低于计划控制生产量，2009 年 12 月国内最后一套 TCA 装置停产。

3.3.2 政策措施在淘汰行动中的作用

在《行业计划》中明确了保证淘汰行动的政策内容，主要包括新增生产能力禁令、进出口管理政策和配额管理政策。新增生产能力禁令包括对现有生产能力增长的控制和在淘汰完成后 TCA 被禁止生产和使用。进出口管理政策是对 TCA 进出口实施额度控制。配额管理则从生产、销售、消费和信息监管等方面开展。禁止新增 TCA 生产能力的禁令于 2003 年 7 月 1 日由国家环保总局颁布。根据该通知，各地不得新建、扩建或改建 TCA 生产装置。2001 年国家环保总局、对外贸易经济合作部、海关总署联合发布了《中国进出口受控消耗臭氧层物质名录（第二批）》，规定从 2001 年 2 月 1 日起，对用作清洗剂的 TCA 实行进口配额许可证管理。消费许可证制度已于 2002 年 7 月颁布，在《关于下发消耗臭氧层物质清洗剂实行使用许可证的通知》中明确说明。2004 年，颁布了 TCA 生产的配额许可证管理制度，并于 2005 年开始下发生产配额。由企业向国家环保总局申请许可证，国家环保总局根据履约目标确定年度 TCA 生产总额，核定企业所具有的生产配额量并向企业发放当年 TCA 的生产配额许可证，为便于管理，每季度均要求企业上交生产配额执行情况和销售明细的报告，所需审查的数据包括每月实际生产量，运行时间，每种原料的消耗量以及库存、进出口情况。每年度由国际组织和国家审计署对企业进行核查和审计。为全面推进 TCA 生产、消费淘汰，2006 年 10 月起将配额管理制度推广至进出口、消费环节，实现了对 TCA 行业系统的配额管理。

3.3.3 替代品和替代技术的发展促进了淘汰行动

随着淘汰进程的推进，为保证消费行业对清洗剂的正常使用，TCA 清洗用途的替代品逐步得到了发展。中国使用比较多的替代品是 Hep-2（主要成分是正丙基溴），约占整个替代品总量的 70%；其他替代品还有水（半水）、1,1- 二氯 1- 氟乙烷（HCFC-141b）、乙醇 + 丙酮等溶剂和 1,1,1,3,3- 五氟丁烷（HFC-365mfc）等。

3.4 四氯化碳（CTC）生产行业淘汰活动的实施

四氯化碳（CTC）在中国主要用作生产 CFC-11 及 CFC-12 的原料，也用作加工助剂、清洗剂等；其消耗臭氧潜能值（ODP）为 1.1。根据生产工艺过程，CTC 生产企业分为单产企业（其生产线主要产品为 CTC 的企业）、联产企业（在生产甲烷氯化物或四氯乙烯的过程中副产 CTC 的企业）及精馏企业（利用单产或联产企业生产残液通过精馏提取 CTC 的企业）。2006 年底，中国有 9 家联产企业，1 家精馏企业。所有单产企业已全部关闭并拆除生产线。

2002 年 11 月，在多边基金执委会第 38 次会议上，多边基金执委会批准了《中国 CTC 生产和化工助剂消费淘汰行业计划（第一期）》，与中国政府签订了《中国 CTC 生产和化工助剂淘汰协议》（第一期）。随着 CFCs 生产的淘汰、25 种加工助剂（一期）的消费淘汰以及 CTC 作为清洗剂消费的淘汰，CTC 生产从 2003 年开始逐年削减，一期协议规定了自 2003 年至 2010 年每年国家水平的 CTC 生产控制目标和 CTC、CFC-113 用于 25 种加工助剂的消费控制目标。

《行业计划（一期）》包括对缔约方大会核准的 25 种用途中

作为化工助剂使用的 CTC 和 CFC-113 进行淘汰。在中国，这些用途主要包括使用 CTC 作为助剂的氯化橡胶、氯化石蜡 -70，氯磺化聚乙烯、酮替酚、硫丹生产和使用 CFC-113 作为助剂的聚四氟乙烯（PTFE）生产共六种。《行业计划（一期）》涉及的企业包括 8 家氯化橡胶生产、10 家氯化石蜡 -70 生产企业、1 家氯磺化聚乙烯生产企业、1 家酮替酚生产企业、2 家硫丹生产企业和 5 家聚四氟乙烯生产企业。

2005 年 11 月召开的多边基金执委会第 47 次会议上批准了《中国 CTC 生产和化工助剂消费淘汰行业计划（第二期）》，2006 年 4 月第 48 次会议上与中国政府签署了《中国 CTC 生产和化工助剂淘汰协议（第二期）》。按协议规定，CTC 用于化工助剂的所有用途将从 2006 年起开始淘汰，到 2009 年底之前完成淘汰。

《行业计划（二期）》中涉及的中国使用 CTC 作为化工助剂的用途有 8 种，分别是氯化聚丙烯 / 氯化 EVA、甲基异氰酸酯、醚醛、噻嗪酮、吡虫啉、恶草酮、苯噻草胺和 N- 甲基氯化物，共涉及 41 家企业。经调查中国政府还发现了大约 30 种使用 CTC 作为化工助剂的用途，但这些用途尚未列入控制清单。根据二期协议，所有 CTC 助剂用途都必须按进度进行淘汰。

3.4.1 CTC 生产行业的淘汰活动

在 CTC 生产行业，按计划进行了淘汰活动。2003 年与 4 家单产企业签署了生产削减合同，在 2001 年产量的水平上，总计削减 CTC 生产 5 379 t。2004 年与 1 家单产企业签署了关闭生产线合同，与 3 家单产企业签署了生产削减合同，总计削减 CTC 生产 7 777 t。2005 年与 1 家单产企业签署关闭生产线合同，与 1 家单产企业和 2 家联产企业签署生产削减合同，总计削减 CTC 生产 15 225 t。2006 年与 1 家单产企业和 1 家精馏企业签署关闭生产线合同，与 4 家联产企业签署生产削减合同，总计削减 CTC 生产 7 454 t。2007 年与 5 家联产企业和 1 家精馏企业签署生产削减合同，买断全部 CTC 生产配额，总计将削减 CTC 生产 25 371t；与 3 家联产企业签署转化装置建设奖励合同。

作为一种重要的处置方式，国家鼓励 CTC 作为原料转化为其他非 ODS 化学品。目前国内以 CTC 为原料生产的非 ODS 产品种类较多，产量正在逐年增加，主要产品有：CFC-11 及 CFC-12 的替代品，如 HFC-245fa、HFC-365mfc 等；哈龙 1211 的替代品 HFC-236fa；精细化学品，如一氯甲烷、四氯乙烯、三氟丙烯、二苯甲酮、肉桂酸等；农药中间体，主要是 DV 甲酯、三氟甲氧基苯胺；医药中间体，如二氟二苯甲酮、盐酸氟桂利嗪、三苯基氯甲烷、2- 氟 -4- 溴三氟甲氧基苯等。

此外，还将对无法转化的多余 CTC 采用缔约方认可的焚烧技术进行焚烧处置。

3.4.2 消费行业（一期）的淘汰活动

针对《行业计划（一期）》涉及的消费企业采取关闭或采用替代品的方式进行淘汰。在 8 家氯化橡胶企业中，7 家已签署了关闭生产线合同，并拆除生产线；剩余一家企业为全外资企业，不符合资助资格，目前处于停产状态。10 家氯化石蜡 -70 企业中，2 家采用水相法进行了替代技术改造，8 家企业关闭并拆除了生产线。

在氯磺化聚乙烯行业，由于全世界仅杜邦公司和中国吉化公司生产该产品，且均使用 CTC 作溶剂，到目前为止尚没有合适的替代技术，企业采取发散控制的改造措施降低 CTC 的用量。

在酮替酚行业，全国仅浙江华海药业一家生产企业，通过委托研制开发，已经完成新型溶剂的替代工作，新的替代工艺对产品性能及质量均无影响。

在硫丹行业，2 家企业均关闭并拆除了生产线。

在聚四氟乙烯行业，5 家企业均在 2005 年底之前完成了 CFC-113 的彻底替代。

3.4.3 消费行业（二期）的淘汰活动

《行业计划（二期）》涉及 8 种助剂用途，41 家企业。由于企业情况各异、替代技术成熟度不高，原有的项目执行模式已不完全适用，2006 年 4 月赠款协议签署之后，国家环保总局在对所有企业进行重新现场核查的基础上，制定了二期项目执行手册，并与各企业就项目实施进度及执行模式进行了深入沟通。2007 年上半年，6 家氯化聚丙烯 / 氯化 EVA 企业和 1 家噻嗪酮企业关闭并拆除了生产线。

3.5 清洗行业 ODS 淘汰活动的实施

清洗行业涉及使用清洗剂（溶剂）的电子、邮电、航空、航天、轻工、纺织、机械、医疗器械、汽车、精密仪器等众多行业。主要的 ODS 溶剂包括四氯化碳 (CTC) 清洗剂、三氟三氯乙烷（CFC-113）和甲基氯仿 (TCA) 溶剂。主要的清洗对象包括四大类，即液晶等精密工业清洗、电子清洗、金属清洗和其他用途的清洗与配置。

从 1992 年起，中国就开始了清洗行业 ODS 淘汰项目的实施。截至 1999 年 12 月，共有 26 个 ODS 清洗淘汰项目得到多边基金资助，淘汰量 924 t ODP。

1997 年清洗行业消费 ODS 约 11 500t，占全国总消费量的 16%。然而，使用 ODS 作为清洗剂的企业大部分为中小消费者，企业总数在 1 800 ～ 2 200 家，占全国使用 ODS 企业总数的 40% ～ 50%。由于清洗行业企业数量多、种类多，单个项目的方式很难实现淘汰目标，中国于 1998 年开始研究制订《中国清洗行业 ODS 整体淘汰计划》，该计划于 2000 年 3 月召开的第 30 次多边基金执委会会议上被批准，旨在分别于 2006 年 1 月 1 日，2010 年 1 月 1 日，2004 年 1 月 1 日前逐步淘汰作为清洗剂的 CFC-113、1,1,1-三氯乙烷（TCA）和四氯化碳（CTC）。

表 2 ODS 清洗消费控制目标（t ODP）

年份 品名	2000	2001	2002	2003	2004	2005	2006	2007	2008	2009	2010
CFC-113	3 300	2 700	2 200	1 700	1 100	550	01	01	01	01	01,2
TCA	621	613	605	580	502	424	339	254	169	85	03
CTC	110	110	110	55	01	01	01	01	01	01	01,2
总计	4 031	3 423	2 915	2 335	1 602	974	339	254	169	85	0

3.5.1 清洗行业 ODS 淘汰活动战略

针对行业特点，《清洗行业计划》在实施过程中，不断探索和总结经验，采取了一系列的战略措施，形成了具有特色的管理方式。

一是区别对待消费量不同的大中小企业。对于消费量较大的企业，通过与企业签署淘汰合同，采取帮助企业采购设备或提供技术服务的执行方式；对于消费量较小的企业，通过票证项目，采取由中介机构协助企业淘汰的执行方式； 对于已完成淘汰的企业，通过回补项目，采取对企业替代所发生费用进行补偿的执行方式。

二是不同的子行业采用不同的淘汰速度。采用替代技术先易后难、替代成本先低后高的原则开展淘汰，很大程度上推进了淘汰活动的执行速度。

三是减少供应和消费淘汰同步。中国按照清洗行业的消费目标，安排化工行业的生产量和进出口数量，从控制清洗剂供应总量来保证行业计划目标的实现。生产和消费同步淘汰是清洗行业履约的宏观框架，一方面保障了淘汰 ODS 工作的管理力度，另一方面也使中国 ODS 生产、销售和使用发展趋势一致，保护了企业的利益。

四是行业积极开展技术援助活动，推动了淘汰目标的顺利实现。包括通过召开技术研讨会、编纂技术手册、聘请专家对企业进行一对一替代技术指导等方式；通过会议、电视、报纸、广播等其他媒介大量开展宣传活动等。

3.5.2 ODS 清洗剂的淘汰历程与成果

在 2000 年 3 月《清洗行业计划》批准后，环保部外经办开展了一系列企业水平的淘汰活动，利用多边基金赠款向企业提供资金和技术支持，帮助企业采用先进的替代品和替代技术进行技术改造，以顺利完成 ODS 淘汰。

2000—2003 年，连续开展了 4 期面向大中型消费企业的淘汰项目，共涉及企业 79 家，淘汰 CFC-113 约 2 000 t，TCA 约 640 t，CTC 约 20 t。

2003—2004 年，开展了两期面向小型企业的票证项目，共有 200 余家小企业参加，淘汰 CFC-113 约 650 t，TCA 约 300 t。

2003 年、2004 年、2006 年，针对已经自行淘汰 ODS 的企业，开展了三期回补项目，对企业予以资金补偿。共涉及企业 32 家，淘汰 CFC-113 约 500 t，TCA 约 100 t，CTC 约 3t。

2005 年，在液晶行业开展了淘汰 CFC-113 喷粉机项目，全国共 20 家企业加入淘汰行列，淘汰 CFC-113 约 200 t。

2006—2009 年，开展了四期专门针对 TCA 的淘汰项目和回补项目，共 41 家企业参加，共淘汰 TCA 约 1 727 t。

清洗行业共与近 350 家企业签署了淘汰合同，实现淘汰 CFC-113 约 3 300 t，TCA 约 1 500 t，CTC 约 30 t，另有其他部分企业已通过自行淘汰的方式停止使用 ODS 溶剂。年度的审计表明，清洗行业已完成了协议规定的目标。

从 2000—2006 年，中国清洗行业在国家水平上每年如期完成履约目标。并于 2003 年 6 月 1 日（比计划时间提前数月）彻底完成作为清洗剂的 CTC 的淘汰，分别于 2006 年 1 月 1 日和 2010 年 1 月 1 日彻底淘汰作为清洗剂使用的 CFC-113 及 TCA。

3.6 聚氨酯（PU）泡沫行业 CFC-11 淘汰活动的实施

使用 CFC-11 发泡的 PU 泡沫产品分为三大类：PU 软泡、PU 硬泡和自结皮泡沫，在未开展 ODS 淘汰前，这些泡沫制品均使用 CFC-11 作为发泡剂，是中国最大的 CFCs 消费行业之一。对泡沫行业的调查表明，1999 年使用 CFC-11 进行 PU 泡沫生产的企业数量约有 1 115 个，另有制冷泡沫企业约 30 家。

《中国 PU 泡沫行业 CFC-11 整体淘汰计划》（简称《泡沫行业计划》）于 2001 年 12 月第 35 次多边基金执委会会议上得到批准，计划在 2010 年前逐步削减并完全淘汰中国 PU 泡沫行业使用的 CFC 发泡剂，CFC-11 淘汰目标为 10 651 t。

从 2002 年度计划开始，泡沫行业共实施了 8 个年度计划，采取企业水平的淘汰活动、政策措施和技术援助并重的措施开展淘汰活动，共签署了 123 个 CFC-11 淘汰项目合同（其中工业重组项目 11 个，单个项目 108 个，省市项目 4 个），淘汰 CFC-11 计 11 384.073 t（其中工业重组项目 CFC-11 淘汰量为 7 153.04 t，单个项目 3 331.033 t，省市项目 900t）；建立和实施了一系列政策措施；开展了 41 个技术援助项目，涉及替代品开发、监督和评估能力建设、企业 CFC-11 淘汰活动能力建设和公众宣传、信息管理和交流等领域。

通过中国政府、泡沫生产企业及相关各方的努力，泡沫行业于 2008 年 1 月 1 日起停止使用 CFC-11 作为发泡剂，圆满完成了各年度国家和行业 CFC-11 淘汰目标及 CFC-11 淘汰合同签署目标，淘汰 CFC-11 达 14 100 t（其中签署淘汰合同 11 384.073t），折合约 13 400 t ODP，为国际保护臭氧层事业作出了贡献。

泡沫行业所淘汰的 14 100 t CFC-11 相当于减少二氧化碳排放约 52 186 000 t，为减缓全球变暖也作出了巨大的贡献。通过行业计划的实施，促进了泡沫行业技术、管理水平的提高，实现了保护臭氧层工作和泡沫行业双赢的局面。在行业计划实施过程中颁布的法律法规、建立的项目管理制度和管理团队将在后续的泡沫行业 HCFCs 淘汰工作中继续发挥重要作用。

3.6.1 泡沫行业 CFCS 消费淘汰历程

中国 PU 泡沫行业从上世纪九十年代初开始 CFC-11 淘汰活动，前期主要以单个项目和伞形项目方式申报和执行项目。1992—2001 年，中国向多边基金申请并获批准 PU 泡沫行业 CFC-11 淘汰项目 111 个（包括 4 个伞形项目，分别包括 4 家、26 家、31 家和 6 家企业，不包括批准后取消的项目），涉及 PU 泡沫企业 174 家，实现 ODS 淘汰量 10 601.12 t ODP。

单个项目和伞形项目虽然对目标企业的 CFC-11 淘汰做出了贡献，但未能如预期的减少国家水平 CFC-11 消费量。这主要是由于中国经济快速发展、企业数量迅速增加导致的，但同时国家水平的 CFCs 供应未加以控制、缺乏必要的政策配套措施、公众尤其是泡沫企业对替代的认识不足、替代技术不普及等也是重要的因素。为此，中国开发了行业计划模式，采取企业水平的淘汰活动、政策措施和技术援助并重的措施开展淘汰活动，并率先在哈龙行业实施，取得了良好的效果。2000 年 4 月，多边基金执委会第 30 次会议批准资助中国政府在世行的协助下准备《中国泡沫行业淘汰 CFC 计划》。2001 年 12 月，执委会第 36 次会议批准了《中国泡沫行业淘汰 CFC 计划》，中国 PU 泡沫行业 CFC-11 淘汰工作也进入了一个新阶段。

《泡沫行业计划》总计签署了 123 个合同，实现 CFC-11 淘汰量 11 384.073 t，达到了淘汰目标。全面销毁了使用 CFC-11 的各类发泡设备，防止了 CFC-11 消费的转移。与此同时，实施了一些技术援助项目，颁布了一些有关的政策。从 2008 年 1 月 1 日起，中国 PU 泡沫行业完全停止了 CFC-11 的消费，提前两年实现了在中国 PU 泡沫行业完全淘汰 CFC-11 的目标。泡沫行业计划 CFC-11 消费控制目标和淘汰合同签署目标见表 3。

表 3　PU 泡沫行业 CFC-11 消费量控制目标和淘汰合同签署目标

单位：t

年度	国家年度 CFC-11 消费上限	PU 泡沫行业年度 CFC-11 消费量上限		PU 泡沫行业 CFC-11 年度淘汰目标
		行业计划	加速淘汰	
2002	17 200	14 143	-	2 000
2003	15 500	13 830	-	2 500
2004	13 100	11 666	10 500	2 500
2005	10 400	9 646	9 000	2 500
2006	7 700	7 164	7 000	600
2007	4 130	3 821	400	551
2008	3 800	3 553	0	
2009	300	102	0	
2010	0	0	0	
合计				10 651

3.6.2　企业重组项目在淘汰活动中的作用

企业重组模式淘汰 CFC-11 是根据泡沫行业小企业数量多、管理能力和技术能力不足的情况而设计的一种有行业特色的项目方式。这种方式能够起到加快 CFC-11 淘汰和优化行业的双重作用，并能有效减少因小企业经营状况变化给项目带来的风险。一些昂贵的替代技术，如软泡子行业的变压发泡技术，因为项目资金的集中使用而成为可能。需要加以注意的是工业重组项目存在执行期长等问题。

中国泡沫行业企业数量众多，虽有一些技术水平较高、生产规模较大的企业，但多数企业规模小、技术能力不足，管理水平有限，企业关停并转频繁。为保证项目质量，保证多边基金使用的安全性和费用的有效性，《泡沫行业计划》执行初期主要支持以企业重组方式开展 CFC-11 淘汰活动，即由一些规模大、技术能力强、经济效益好的企业收购重组一些规模小、技术差、经济效益不好的企业，停止后者的泡沫生产，销毁其使用 CFC-11 设备，把泡沫生产集中到牵头企业。这样既有利于多边基金的使用安全，又有益于泡沫行业健康发展。企业收购重组费用由牵头企业自筹资金解决，也有的项目采取项目企业参股新企业的形式。

由于泡沫生产集中到一个企业进行，企业重组往往需要新的场地并新建厂房，项目主要内容是新厂房建设、设备采购、安装和调试，对员工使用新生产设备和设施进行培训等；同时涉及征地、移民安置、环境影响评价、被收购企业职工再就业培训和安置，使用 CFC-11 设备销毁等。

①征地、移民安置和环境影响评价：项目企业自筹资金从政府手中获得项目建设用地后，向所在政府索取政府对农民的补偿情况，编制移民报告，同时，项目企业还需要聘请环境影响评价单位作出项目的环境影响评价，并编制环境管理计划，通过环保部外经办报世界银行移民专家审核。特别指出的是只有新建厂房的企业需要准备移民报告，但所有项目均需准备环境影响评价和环境管理计划。世界银行移民专家和环境专家审核同意以后，项目企业方能进行项目建设。

②新厂房设计、建设及辅助设备采购、安装和调试，对员工使用新生产设备和设施进行培训：环保部按照世界银行采购规定和项

目企业提交对工程的描述的项目建议书，采用公开招标方式，选择项目的总承包商负责新建厂房设计、建设及辅助设备采购、安装、调试和培训工作，项目企业协助总承包商的工作并监督其执行进展情况。

③设备采购、安装和调试：环保部外经办按照世界银行采购规定和项目企业编制的设备技术要求，公开招标选择设备供应商。

④被收购企业职工再就业培训和安置、场地清理：重组项目牵头企业或被收购企业需要对被收购企业的失业员工进行再就业的培训，培训工作一般委托有资质的培训机构进行，培训费用由牵头企业垫付，再向环保部外经办申请使用赠款资金回补。被收购企业职工由项目企业按照当地标准自筹资金给予失业补偿。部分项目还使用赠款支持被收购企业对原生产场地进行清理。

⑤使用 CFC-11 设备的销毁：牵头企业和被重组企业按照环保部外经办制定的设备销毁规定销毁使用 CFC-11 设备。地方环保局或公证处监督销毁过程并出具证明文件，销毁过程要拍照、录像并报环保部外经办存档。

环保部外经办与企业共签订了 11 个企业重组项目，实现 CFC-11 淘汰量 7 153.04 t。这 11 个企业重组项目共收购、重组了 114 家小企业，其中硬泡企业 68 家，软泡企业 45 家，自结皮泡沫企业 1 家。

3.6.3 单个项目的实施

虽然企业重组项目对行业健康发展有益，也增加了赠款使用的安全性，但项目内容复杂，项目执行期长，不能适应国际社会要求加速 CFCs 淘汰进度的要求。从 2006 年开始，泡沫行业主要采取单个项目的形式淘汰 CFC-11。

单个项目执行方式分为停止泡沫生产和继续泡沫生产两种。继续生产项目赠款用于采购设备和试车原料，以及其他经审核同意的用途；停止生产项目的赠款优先用于下岗工人的培训、补偿，剩余赠款作为企业停产补偿。单个项目绝大多数为硬泡项目，一般使用HCFC-141b作为CFC-11的替代品，而近年来企业采购的发泡设备一般都可以使用HCFC-141b作为发泡剂，销毁设备的方式已经没有必要同时也不经济，所以除特别陈旧的只能使用CFC-11发泡的设备外，其他设备一般不需要销毁。单个项目需要提交环评或当地环保部门免予环评的意见，涉及职业劳动卫生问题的企业，须提交项目所在地劳动卫生部门验收意见；涉及使用易燃易爆物品（碳氢类发泡剂）的企业，须提供项目所在地消防部门的审批意见。

3.6.4 省市集中淘汰项目的实施

省市淘汰项目是泡沫行业计划执行过程中采用的一种集CFC-11淘汰、宣传、执法监督等综合措施为一体的新项目方式。这种方式可以有效地调动地方环保局的监督职能，促进履约工作的可持续开展。

在《泡沫行业计划》后期，还有一些泡沫企业因为多种因素未能获得多边基金赠款支持进行CFC-11替代改造：①企业可能符合资助条件，但CFC-11消费证据保管不善或缺失，不能确认其CFC-11消费量；②企业泡沫生产中间出现中断现象，因资料保管不善或手续不健全不能被认定为合格的受资助企业；③不符合资助条件的企业。

这些企业主要分布在中国的四个聚氨酯工业发达的省份，分别是山东省、浙江省、江苏省和广东省。经与国际执行机构协商，环保部外经办使用《泡沫行业计划》资金资助上述四省收集企业信息，给予企业必要的技术支持和政策引导。省市项目具有CFC-11淘汰项目和技术援助项目的双重性质，其主要工作内容有：①培训本省范围内管理人员，使他们了解臭氧层保护项目相关情况及泡沫企业相关情况；②调查本省范围内泡沫企业、组合聚醚供应商和发泡剂经销商，统计本省泡沫企业发泡剂使用情况；③通过各种形式加强对泡沫企业淘汰 CFC-11 宣传，使泡沫企业及其用户了解国家臭氧层保护政策；④举办技术培训会对泡沫企业进行培训，提供技术帮助协助企业实现 CFC-11 替代，向未获得多边基金资助的企业每家提供 2 000 美元试车费的支持；⑤开展监督工作，经常性的监督检查泡沫企业、组合聚醚供应商、CFC-11 经销商和商场，了解他们是否违反国家和地方有关臭氧层保护的政策。

省市项目由环保部外经办与四省的省环保局签订，其 CFC-11 淘汰量是根据 CFC-11 生产行业提供的销售信息确定的，共实现 CFC-11 淘汰量 900 t，全部为 2006 年度计划项目。

省环保局在辖区进行了广泛的 ODS 淘汰宣传和动员，利用报纸、广播、电视、互联网、举办培训会议、举办征文比赛、发放宣传品等多种多样的方式，普及保护臭氧层知识、宣传国家的相关法律法规以及替代技术。开展了大规模企业调查活动，四省共实地调查了近 1 000 家泡沫企业，摸清了辖区内泡沫企业情况，为后续的 HCFCs 淘汰、监督执法打下了良好的基础。培训了环保系统管理人员约 800 人，在基层环保局普及了保护臭氧层知识和法律法规、监督检查办法，为把泡沫行业 ODS 淘汰工作纳入基层环保局的日常工作做好了管理人员队伍准备。培训泡沫企业管理人员超过 700 人，进一步强化了企业的保护臭氧层意识。给 200 家未获得多边基金支持的泡沫企业提供了试车费用支持，促进了小企业 CFC-11 淘汰工作的普及。开展了轰轰烈烈的 ODS 执法监督检查工作，实地检查了约 400 家泡沫企业，有力地巩固了淘汰 ODS 工作成果。

3.6.5 政策措施在《行业计划》实施中的作用

由于缺乏足够的资金支持，替代技术在产品成本、质量方面与

CFC-11 对比不具有优势，多数 PU 泡沫企业不会自愿淘汰 CFC 发泡剂。在这种情况下，除了给予企业必要的资助，加强技术援助外，加强相关政策、法规的建设和实施是保证《行业计划》执行的重要条件。

自 20 世纪 90 年代初开展 ODS 淘汰活动以来，中国政府出台了一系列政策法规，有力地保证和促进了 ODS 淘汰活动的顺利开展。在准备《泡沫行业计划》等行业计划的同时，中国政府也在政策制定方面迈出了具有里程碑意义的步伐。《泡沫行业计划》实施过程表明，控制行业 CFC-11 消费的关键政策是控制 CFC-11 的供应。1999 年颁布的《关于实施 CFC 生产配额许可证管理的通知》和 2000 年颁布的《关于加强对消耗臭氧层物质进出口管理的规定》使国家可以严格控制包括 CFC-11 在内的各种 CFCs 的国内供应量。这两个法规在《泡沫行业计划》开始实施前出台，对于保证泡沫行业从开始阶段就能够按照与执委会约定逐年削减 CFC-11 消费量起到了决定性作用。2007 年颁布的《关于禁止生产 CFCs 的公告》和《关于禁止使用 CFCs 物质作为发泡剂的公告》确保了泡沫行业完全停止 CFC-11 消费目标的实现。在出台一系列重要的国家法律或规章的同时，中国政府还鼓励和支持地方政府出台地方性规章，加快所属地方 ODS 淘汰进程。据不完全统计，各省、直辖市、自治区仅在 2006—2009 年间就出台了 25 项地方性法规，有力地支持了 PU 泡沫行业 CFC-11 淘汰活动。

3.6.6 技术援助项目的作用

在《泡沫行业计划》实施过程中，技术援助活动起着重要的支持作用，对成功实现 CFC-11 淘汰是非常必要的。

①培训企业管理人员，加强企业能力建设和公众宣传：为了使项目企业知道如何申请和执行项目，使企业和社会公众更清楚地了

解保护臭氧层工作的意义以及方针政策，增加企业开展 CFC-11 淘汰工作的自觉性和积极性，了解替代技术和设备，增加社会公众对非 ODS 产品的认可程度，泡沫行业开展了大量的项目企业培训和公众宣传：召开了以泡沫企业为对象的培训会议共计 17 次，召开了包括设备供应商、原料供应商和泡沫产品用户的大型论坛 2 次，参加会议人数总数在 3 000 人次以上。专门开设了泡沫行业淘汰 ODS 网站，累计点击量超过 100 000 人次。环保部外经办和一些省环保局也在网站上专门开设了泡沫行业 CFC-11 淘汰专栏，宣传国家政策，报导淘汰工作进展等 PU 泡沫行业 CFC-11 淘汰活动。在其他行业杂志、网站上刊登相关文章等。这些培训和宣传活动有力地促进了保护臭氧层知识、法规、技术和设备的普及，将对泡沫行业 ODS 淘汰发挥长远的影响。

②促进替代品的应用：替代技术选择在 CFC-11 替代过程中起着重要的作用。为了解决在 CFC-11 淘汰过程中遇到的技术问题，《泡沫行业计划》开展了替代技术研发、考察和替代技术推广活动。在《泡沫行业计划》开始的 2002 年度计划中就把水发泡技术研发列为技术援助项目，这个项目的研发以及成果的推广对于扩大水发泡在泡沫行业计划中的普及程度作出了很大贡献，尤其在 HCFC-141b 用量大大高于预期、而碳氢技术使用不理想的情况下，对泡沫行业计划环境友好替代技术使用比例仍能达到很高水平作出了重大贡献。在泡沫行业计划的后期，针对 HCFC-141b 的替代已经开始，以环戊烷为主的碳氢发泡剂成为主要替代技术的形式，进行了环戊烷组合聚醚生产 / 运输和使用安全评估，深入分析了预混环戊烷组合聚醚生产、运输和使用过程中遇到的各种技术问题、安全风险和解决方案，为碳氢预混组合聚醚进一步实用化奠定了基础。泡沫行业计划还开展了 HFC-245fa 技术应用研究。HFC 技术虽然生产成本较高，并且属于温室气体，但在喷涂等泡沫制品不适合使用碳氢和水替代

的情况下，HFC 技术不失为一个较好的解决方案，也为喷涂泡沫行业 HCFC-141b 的替代进行了有益的探索。

③完善行业标准：对泡沫行业相关标准进行了修订，使标准适应使用替代品后的情况。修订标准数量达 31 项，其中涉及聚氨酯泡沫制品的标准 10 项，涉及检测方法的标准 21 项。为使用替代品发泡的产品顺利进入市场扫除了障碍。

3.7　烟草行业淘汰 CFC-11 活动的实施

早在 20 世纪 70 年代初，美国、日本等发达国家开始选用 CFC-11 做膨胀剂生产膨胀烟丝，中国从 1986 年起开始引进该项技术。截至 1997 年 11 月，中国为保护臭氧层明令禁止安装新的 CFC-11 烟丝膨胀设备，中国的 58 家卷烟加工企业拥有 73 套 CFC-11 烟丝膨胀设备。当时全行业共有 58 家 CFC-11 消费企业，1997 年 CFC-11 实际消费量为 1 090t，占全国 ODS 消费量的 1.6%；占全国 CFC-11 总消费量（24 898t）的 4.4%。为完成烟草行业 CFC-11 消费的淘汰，在多边基金的支持下，国家烟草专卖局和国家环保总局组织编写了《中国烟草行业整体淘汰 CFC-11 计划》，该计划依据烟草行业 CFC-11 消费的特点和履约要求，规划了淘汰 CFC-11 的步骤、措施和具体的淘汰方案。2000 年 3 月，多边基金执委会批准了《中国烟草行业整体淘汰 CFC-11 计划》。

烟草行业依照《中国烟草行业 CFC-11 整体淘汰计划》，历时 7 年，逐步削减并最终淘汰了 CFC-11 的消费，全面拆除了 73 套 CFC-11 烟丝膨胀设备，为中国提前淘汰 CFCs 目标的实现作出了突出贡献，受到了国家环保总局和蒙特利尔议定书多边基金执委会的高度赞扬。

3.7.1 烟草行业 CFCs 淘汰历程

在《中国烟草行业整体淘汰 CFC-11 计划》批准后，烟草生产行业通过实施 CFC-11 消费配额制度，从 2001 年开始有效地控制和削减了 CFC-11 的消费，2001 年 CFC-11 消费量为 887 t，比 1 090 t 的淘汰基线削减了 8%，2002 年消费量 710 t，比消费基线削减了 26.5%，2003 年就完成了总削减量的一半；到了 2006 年，仅消费了 21 tCFC-11，比行业计划中允许消费量减少 129 t；从 2007 年起全部淘汰了 CFC-11 在烟草行业的消费，完成了行业计划规定的目标。表 4 给出了行业计划制定的 CFC-11 淘汰量、允许消费量和实际消费量。

表 4 烟草行业 CFC-11 淘汰计划与实际完成情况

单位：t

年份	2001	2002	2003	2004	2005	2006	2007	总计
行业计划规定淘汰量	90	120	180	200	200	150	150	1 090
行业计划允许消费量	1 000	880	700	500	300	150	0	3 530
实际消费量	887	710	551	463	121	21	0	2 753
拆除 CFC-11 烟丝膨胀设备（套）	9	11	13	12	13	8	7	73

在行业计划的执行期内，2001 年和 2002 年均超额完成行业计划规定的年度目标淘汰量；2003—2006 年也都按时完成了规定的淘汰量。图 13 表明，在 2001—2006 年，CFC-11 的实际消耗量被很好地控制在配额允许的数量之下，与行业计划相比，7 年间累计减少 774.9 t CFC-11 消费 。

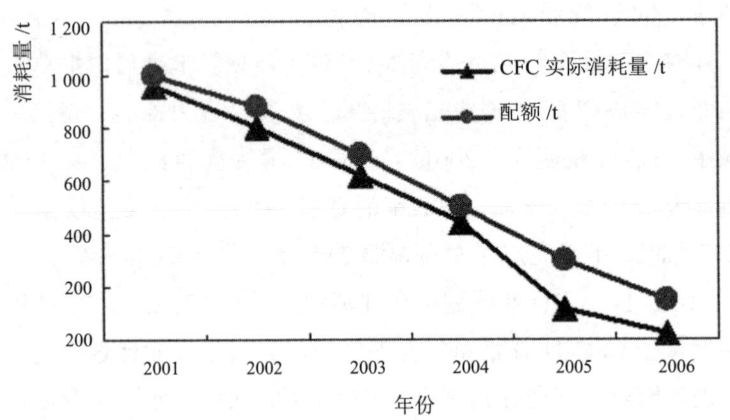

图 13　CFC-11 实际消耗量与配额的分年度对照

2007 年 9 月，烟草行业最后一套 CFC-11 烟丝膨胀设备在呼和浩特被拆除；至此，分布在 58 家卷烟企业的 73 套 CFC-11 烟丝膨胀设备全部拆除完毕，其标志着全面实现了烟草行业淘汰 CFC-11 计划。在实施消费配额制度的同时，通过招标机制和协议价格的方式，56 套符合多边基金资助条件的 CFC-11 烟丝膨胀设备全部被拆除，另外 17 套膨胀设备也按照国家政策的要求由企业自行拆除。

3.7.2　政策体系保证了淘汰活动的进行

在行业计划的实施过程中，为推进淘汰工作的进行，国家烟草专卖局专门颁布了《烟草行业氟里昂消费配额管理办法》，对烟草行业 CFC-11 的消费实行配额管理，并建立起行之有效的监督和实施系统，包括信息管理系统；颁布和修改了《CFC-11 替代工艺的技术和安全性的规范》《膨胀烟丝的质量标准》《烟草行业拆除 CFC-11 烟丝膨胀设备实施办法》等相关规定，从政策制度上保证了淘汰工作的顺利进行。此外还开展了广泛的宣传教育活动，深入推广替代品和替代技术的研究、开发和使用。

2000 年 12 月 5 日，国家烟草专卖局发布了《关于开展氟里昂（CFC-11）淘汰工作的通知》（国烟科〔2000〕782 号），并发布了《CFC-11 消费配额管理办法》，国家烟草专卖局和国家环境保护总局依据行业计划制定的淘汰计划，确定了烟草行业年度 CFC-11 消费配额总量和各卷烟加工企业的消费配额（即最高年消费许可量）。配额制度的实施包括如下步骤：建立配额基数，颁布配额制度，配额申请，配额发放，消费监督和实际消费核实等。配额制度的实施严格控制了 CFC-11 的消费。消费配额制度是烟草行业 CFC-11 淘汰计划中的主要手段，是确保烟草行业顺利完成淘汰目标的主要政策，其使淘汰活动所达到的目标更具有可操作性和可控性，使目标的实现更有保证。政府通过配额制度控制烟草行业每年使用 CFC-11 的消费量，按计划逐年减少，最终禁止消费并最终关闭 / 拆除所有 CFC-11 烟丝膨胀设备。

2001 年 1 月 1 日起，烟草行业对所有拥有 CFC-11 烟丝膨胀设备的卷烟企业开始实施持证消费 CFC-11，即持有“烟草行业 CFC-11 消费配额许可证”（简称配额许可证）的企业才能在规定的配额内消费 CFC-11。配额许可证当年有效，无配额许可证的企业不得使用 CFC-11。

实施配额制度的优势在于：第一，目标明确，既保证了在较长时期内实现 CFC-11 消费的控制目标，达到 CFC-11 淘汰目的，又保证了一定时期内烟草行业对 CFC-11 的消费需求，从而保障了对膨胀烟丝的需求；第二，国家烟草专卖局联合国家环保局，通过最低程度的行政参与实现了消费控制目标，有利于降低管理成本；第三，通过逐渐减少配额，促使企业尽早采用替代技术，早日拆除 CFC-11 烟丝膨胀设备，促进 CFC-11 的彻底淘汰。这一制度的成功实施保证和促进了烟草行业整体提前淘汰 CFC-11 消费。

3.7.3 技术援助项目促进了淘汰活动的开展

技术援助项目的开展在淘汰 CFC-11 活动中发挥了重要作用。国家烟草专卖局组织完成了 CFC-11 设备拆除技术培训，烟草行业 CFC-11 整体淘汰计划网站专题设计、管理信息系统的开发，CFC-11 膨胀烟丝进出口管理政策评估，现有烟丝膨胀设备 CFC-11 消费减量化、烟草行业优化膨胀烟丝运输研究，膨胀烟丝供应的可行性研究，非 CFC-11 的膨胀烟丝生产替代技术的技术规范和质量控制体系，不同的烟叶原料对非 CFC-11 膨胀烟丝品质的影响研究和 CO_2 膨胀技术对烟丝挥发性化学成分的影响研究等一批技术援助项目，对推动替代技术的应用起到了重要作用。

烟草行业在淘汰 CFC-11 消费和拆除 CFC-11 膨胀烟丝生产设备的同时，积极将环境保护作为行业的行为准则，2005 年颁布实施了《卷烟企业清洁生产通则》（YC/ T199—2005）的行业标准。

3.7.4 替代技术的开发应用推进了淘汰活动的进行

烟丝膨胀替代技术和替代设备的开发和推广，对保证烟草行业的正常发展有着重要意义；同时替代技术的成功应用，对淘汰 CFC-11 的消费也有着重要的推动作用。在行业计划的执行过程中，国家烟草专卖局自酬资金，积极研究开发新的烟丝膨胀技术，在 CFC-11 淘汰中发挥了极其重要的作用。

在线膨胀技术是一种全膨胀技术，该技术有利于与后续的卷烟加工过程衔接，而且造价适中，比建设 CO_2 烟丝膨胀生产线可减少很多资金、人力、管理方面的投入，比较适合中小企业的应用。

由国家烟草专卖局科教司、合肥卷烟厂和常州智思机械制造有限公司联合申报，属国家级科技攻关项目的“SH9 型烟丝在线高速膨胀系统”的成功开发，为 CFC-11 的淘汰提供了技术选择。SH9

型烟丝在线高速膨胀系统，采用卧式结构布局，由流量控制单元、叶丝超级回潮机、叶丝高速膨胀干燥机、叶丝冷却定型机以及相关辅连设备和水分仪、温度检测仪等组成。系统的技术优势十分明显，具有结构紧凑、设备高度及制造成本低、系统运行稳定性好等特点。“管塔式结构”“脉冲式气流输送”和“进料叶丝松散器”等创新设计，对系统整体加工水平的提高起到重要作用。与传统的烟丝加工设备相比，产品的感官质量有明显改善，卷烟焦油含量有较大幅度降低；可对各类全配方叶丝进行在线膨胀和干燥，叶丝膨胀率高。该系统环保指标及安全性能符合国家有关标准。SH9 在线膨胀设备和相关技术的成功开发，为 CFC-11 的顺利淘汰起到了辅助作用。

3.8 气雾剂行业 CFC 淘汰活动的实施

中国气雾剂行业包括普通气雾剂行业和药用气雾剂行业。普通气雾剂行业通过实施单个项目和建设气雾剂灌装中心，在 1997 年底完成了 CFCs 淘汰，成为中国最早完成 CFCs 淘汰的行业。由于药品的特殊性和替代技术的困难，药用气雾剂行业是最后一个开展 CFCs 淘汰的行业。

中国的药用气雾剂产业起步较晚。1986 由年上海医药工业研究院与上海信谊药厂，无锡第一制药厂和重庆制药七厂共同合作，开发并生产了平喘气雾剂（平喘药），这是中国的第一个气雾剂产品。从 1964—1980 年，由于容器、阀门和定量包装设备的制约，中国药用气雾剂产业发展比较缓慢，但随着上述问题得到解决之后，该行业就得到了很大的发展。

根据所用的分散体系，药用气雾剂分为三类，即溶液型、混悬型以及乳剂型三类。按照中国医疗用途，药用气雾剂还可分为三组：①通过皮肤吸收的气雾剂（皮肤用气雾剂），又被称为外用气雾剂；②通过腔道和黏膜吸收，如口腔、鼻腔和阴道等（腔道黏膜用气雾剂）；③通过呼吸道吸入的气雾剂（MDIs）。前两种统称为非呼吸道用吸入式气雾剂（简称药用非吸入气雾剂）。

在2004年7月的多边基金第43次执委会上批准了中国药用非吸入气雾剂CFCs淘汰行业计划的准备项目，用于准备《中国药用气雾剂CFCs分步淘汰行业计划（非呼吸道用吸入式气雾剂）》。随后在2004年11月的多边基金第44次执委会上批准了药用呼吸道吸入气雾剂CFCs淘汰行业计划的准备项目，用于帮助中国编制《中国药用气雾剂CFCs淘汰行业计划（呼吸道吸入式气雾剂）》。

国家环保总局和国家药监局共同协调管理药用气雾剂CFCs的淘汰。经过国家环保总局和国家药监局之间的沟通和协调，国家药监局于2004年6月正式成为国家保护臭氧层领导小组成员，并于2005年达成了《药用气雾剂CFCs淘汰行业计划准备项目工作协调谅解备忘录》，明确了两个部门的工作职责。国家药监局在行业政策和技术层面上全面负责，履行行业监督管理的职责；国家环保总局牵头负责培训和宣传中国臭氧层保护的相关政策法规和多边基金赠款项目工作程序和规范，负责对外与国际机构的联络沟通。

3.9 家用制冷行业CFC淘汰活动的实施

中国家用制冷产品包括家用电冰箱、冷藏箱、冷冻箱等。电冰箱产品规格容积范围在50～300L之间，1995年以前，家用制冷设备采用的制冷剂主要为CFC-12。家用制冷设备生产过程中，有两个环节可能使用消耗臭氧层物质，一是制冷环节：制冷过程中使用的制冷剂通常为消耗臭氧层的物质CFC-12；二是发泡环节：冰箱、冰柜保持低温环境的保温层是通过发泡工艺制成的，通常采用消耗臭氧层物质CFC-11作为发泡剂。

2004 年，家用制冷行业共有 69 家企业，其中正在生产的企业有 52 家，包括《议定书》多边基金支持进行生产线改造的企业、不使用 ODS 作为生产原料的 7 家合资企业以及需要继续改造的 10 家企业。

家用制冷行业开始 CFCs 淘汰工作较早，1994 年即有生产线改造项目获得多边基金批准；截至 2001 年底，多边基金执委会共批准单个项目 41 个，可淘汰 CFCs 消费量 10 874 t。2002 年 11 月蒙持利尔多边基金第 38 次执委会批准了《中国家用制冷行业 ODS 淘汰行业计划》项目，淘汰 CFCs 共计 1 099 t。项目采用国家实施方式，从 2003 年开始，计划至 2010 年在家用制冷行业完全淘汰 CFCs 的使用。

行业计划资金拨付和实施分为二期进行；一期主要包括 6 个企业改造项目和 1 个生产线关闭项目及 8 个技术援助活动，包括政策和标准制订等活动。二期主要包括在家电生产、销售和进出口 CFC 消费禁令颁布后，开展的一系列公众宣传、工厂安全检查、CFCs 数据收集系统、项目绩效监控、市场监督调查、行业计划执行总结等技术援助活动; 5 个压缩机企业转换成非 CFCs 的回补援助项目，以及家用制冷电器维修站的援助项目等。

（1）改造项目

行业计划下的企业水平活动分三批实施。第一批包括贵州海尔、北京海信、嘉兴德尔三个企业；第二批项目包括荆州万银、柳州鸿浦、牡丹江康佳三个企业；第三批项目包括温州华威一个企业。上述三批项目共 7 个企业除温州华威是关闭生产线补偿合同、牡丹江康佳为回补合同外，其余 5 家企业为生产线改造合同，均于 2007 年 11 月前完成了改造项目验收。

（2）技术援助项目

技术援助项目主要包括改造项目文件编制、国内外改造设备调研、企业改造技术培训、CFC数据信息系统建设、压缩机现场技援、安全标准制定和禁令编制以及公众宣传项目等。

3.10 工商制冷行业CFC淘汰活动的实施

工商制冷行业是实施淘汰消耗臭氧层物质行动最早的行业之一。在1995年中国工商制冷行业约有300家企业，其中65家生产制冷压缩机，拥有73条制冷压缩机生产线；其他企业则只生产配件和制冷设备，购买所需压缩机。基于工商制冷行业的特点和费用有效的原则，中国政府制定了在多边基金资助下，有选择地改造生产不同类型制冷压缩机的24家重点企业，停产或转产其他压缩机生产企业（生产线）的淘汰战略，在不影响经济发展的前提下，实现行业的CFCs淘汰。在1995年6月的西安战略研讨会议上正式提出了这个战略。行业淘汰战略只针对制冷设备的关键部件CFC用压缩机的淘汰。

经过讨论协商，多边基金执委会与中国政府达成共识：按照ODS的逐步淘汰战略，允许中国工商制冷行业分两个阶段完成ODS的淘汰；第1阶段主要采用HCFC-22制冷剂作为过渡替代品；在适宜的非ODS技术成熟的条件下，第2阶段将最终用非ODS完全取代ODS。

在第1阶段，多边基金资助65家压缩机企业中的24家企业的制冷压缩机生产线向非CFC压缩机生产的转换。中国政府则保证以自己的费用，通过关厂或其他方式停止剩余企业CFC压缩机的生产。同时，中国还将制订和实施必要的政策措施以支持和保证在整个行业完成CFC的淘汰。

此后，多边基金执委会先后批准了24家企业中的19个单个压缩机转换项目，直接淘汰CFCs3 938 t。在实施了19个项目的基础上，

2002年3月执委会同意将《中国工商制冷行业CFCs整体淘汰计划》作为整个工商制冷行业CFCs淘汰的终端项目。

该项行业计划的主要内容是将5家企业余下的CFC压缩机生产线改造成为非CFC压缩机生产线。为了简化项目执行步骤并提高执行效率，将其中4家小企业由浙江春晖集团公司实施重组后统一替代改造。重组后，使得5家CFC压缩机生产企业的改造变成2个改造项目；一个改造项目由浙江春晖集团实施，另一个由大连第二冷冻机厂实施。项目完成后，实现淘汰753.15 t ODP的目标；春晖集团具备了年生产28 000套HCFC-22小型开启式压缩机的生产能力，大连第二冷冻机厂也具备了年生产1 200套HCFC-22中型压缩机的生产能力。至此，整个工商制冷行业实现了CFCs的全部淘汰。

此外，《行业计划》的实施过程中，还完成了技术援助行动及相关管理活动，包括颁布《关于禁止生产、销售以全氯氟烃为制冷剂的工商制冷用压缩机及其相关产品的公告》，信息管理系统的开发等。

3.11 汽车空调行业CFC淘汰活动的实施

在中国汽车空调行业曾普遍使用CFC-12作为制冷剂。随着空调汽车生产量、保有量的迅速增长，制冷剂的用量也大幅上升。

在《中国消耗臭氧层物质逐步淘汰国家方案》指导下，汽车空调行业于1994—1995年制定了《中国汽车空调行业CFC-12战略研究》。1995年，4个汽车空调器生产企业得到多边基金的资助，赠款总额675万美元。这4家企业分别是上海易初通用机械有限公司、上海汽车空调器厂、岳阳恒立制冷设备有限公司和广州豪华汽车空调工业公司。上述企业通过完成改造和技术转换工作，开始为汽车整车生产企业供应HFC-134a汽车空调器产品。但单个项目不能解决全行业大量的没有接受赠款企业的问题。为加速该行业的淘汰改造进程，中国于1998年向多边基金递交了《中国汽车空调行业整体淘汰CFC-12计划》并获批准，自此开始以行业方式执行淘汰任务。按照行业计划设定的目标，中国于2002年1月1日之前完成改造工作；从2002年1月1日起，所有新生产的汽车停止装配以CFC-12为工质的汽车空调器。

3.11.1 企业淘汰活动

为使援助资金达到更高的费用有效性，根据中国汽车行业的特点，ODS淘汰项目主要选择汽车空调器零部件生产企业。1999年，通过公开招标，选择了共11家符合条件的汽车空调生产企业进行改造。这些企业的改造项目的完成，使汽车空调系统及零部件企业提高了技术水平和生产能力，生产了大量以HFC-134a为工质的汽车空调器及零部件产品，为汽车厂提供足够的配套设备及零部件，为中国汽车空调行业CFC-12整体淘汰目标提供了基础。

经过多方努力，克服各种困难，中国汽车空调行业于2001年底如期完成了CFC-12的替代技术改造工作，圆满实现了“从2002年1月1日起，新生产的汽车停止装配以CFC-12为工质的汽车空调器”的这一目标。中国汽车空调行业是中国第一个，也是世界上第一个利用《蒙特利尔议定书》多边资金，以行业整体淘汰方式完成淘汰计划的行业。

3.11.2 技术援助活动

技援活动是行业整体淘汰活动中的重要内容，它为履约活动提供重要的政策支持和技术支持。汽车空调行业的技援活动主要包括数据采集和监控系统、产品性能检测、汽车空调器标准制修订和汽车空调产品认证等。

（1）管理信息系统（MIS）的建立

为了监控汽车空调行业ODS整体淘汰进程和加强规范化管理，在汽车空调行业建立了一管理信息系统，实现信息共享和数据交换。此外，为了不断地从汽车生产企业收集信息以监控新车 CFC-12 淘汰状况，汽车空调行业的管理信息系统还专门在中国汽车经济信息研究所设立了一个数据收集和监控系统子站。数据收集与监控的对象是中国主要的汽车生产企业和汽车空调器生产企业，进入监控系统的共有 23 家汽车厂和 23 家汽车空调器生产厂，这些企业每季度都将本企业的有关生产数据传送到中国汽车经济信息研究所，由其汇总整理。系统的统计范围覆盖中国汽车总产量 90% 以上。

（2） 制定 HFC-134a 汽车空调器系统及零部件标准

为了规范汽车空调产品检测方法，客观评价产品性能，在 CFCs 的淘汰过程中着手制定了 HFC-134a 汽车空调器系统及零部件标准体系。该工作由中国汽车技术研究中心牵头，国内主要汽车及空调器生产企业参加，研究并制定了 12 项 HFC-134a 汽车空调系统及部件标准，最终的标准审查于 2000 年 7 月底完成。12 项新标准于 2000 年 11 月初由原机械工业局批准并生效。12 项新标准体系的建立为汽车 HFC-134a 空调器产品试验性能检测和认证工作的开展提供了技术依据。

3.11.3 汽车空调行业整体淘汰计划中政策体系的建立

为配合国家 ODS 整体淘汰战略，确保按期实现淘汰目标，中国政府制定了一系列汽车空调行业淘汰 CFC-12 的政策法规，逐步形成一套适合中国国情的强有力而行之有效的政策法规体系。

（1）CFCs 消费禁令

原机械工业部汽车司于 1997 年 7 月 2 日发布了《关于汽车行业新车生产停止使用 CFCs 的通知》（机汽发〔1997〕099 号），

通知中规定“从即日起，新设计的车型不允许再使用以 CFC-12 为工质的空调器”。1999 年 11 月 26 日，国家环保总局与原国家机械工业局联合发布了《关于中国汽车行业新车生产限期停止使用 CFC-12 汽车空调器的通知》（环发〔1999〕267 号）。根据文件规定，中国汽车空调行业应于 2002 年 1 月 1 日以前完成由 CFC-12 向 HFC-134a 技术转换的全部工作，2002 年 1 月 1 日起，所有新生产的汽车必须停止装配以 CFC-12 为工质的汽车空调器。

（2）非 CFCs 制冷剂检验成为强制性检测项目

1998 年 3 月 10 日，国家机械工业部汽车工业司发布《关于汽车新产品实施 34 项强制性检验的通知》，该文件将非 CFCs 汽车空调器标记的检验作为一个检验项目，但检验结果不作为是否通过 34 项强检的否定项。

2000 年 1 月 3 日，原国家机械工业局再次发文（国机管〔2000〕2 号），将 34 项汽车强制性检测项目扩充至 40 项，文件中强调“2002 年 1 月 1 日起所有装配空调的汽车产品均应采用非 CFCs 制冷剂”。根据规定，非 CFCs 标记检验结果将作为车型是否通过检测的否决项，即 2002 年 1 月 1 日以后，以 CFC-12 为工质的空调车将不予上汽车产品目录。

（3）颁布实施 12 项汽车空调标准

2000 年 11 月根据关于对《汽车空调制冷装置性能要求》等 13 项行业标准的批复（国机管〔2000〕522 号）的文件，原国家机械工业局正式批准了 12 项汽车空调（HFC-134a）系统及零部件标准，并于 2001 年 4 月 1 日起开始实施。

3.11.4 淘汰活动的成功经验

在汽车空调行业 CFC-12 整体淘汰项目实施过程中，尽管遇到种种困难，但在政府部门高度重视下，参与项目实施的各个部门以及到相关企业能够相互配合，协调一致，最终使整个项目如期完成。通过项目的实施，取得以下可供借鉴的经验：

（1）政策和法规对实施 CFC-12 整体淘汰起主导作用

为了有效地实施《中国汽车空调行业整体淘汰 CFC-12 计划》，确保全面有效地按期实现汽车空调行业 CFC-12 整体淘汰目标，中国政府有关部门采取了积极、有效的措施，加强政策法规的控制和监督力度，制定了一系列行之有效的政策、法规，包括：控制汽车空调行业 CFC-12 产品的生产和确保按期淘汰的禁令、强制性检测、新产品申报、质量认证等，为中国汽车空调行业 CFC-12 整体淘汰提供了有效的政策支持。汽车厂和一部分空调器厂尽管没有得到多边基金的支持，但在这些政策、法规的推动和约束下，也积极、主动的开展和完成了各自的技术改造和替代工作。

（2）技援活动提供了为实现淘汰目标的技术保证

技术标准的制定，试验、检测设备的更新完善，产品认证工作的开展，推动了政策、法规的落实，为淘汰目标的实现提供了强有力的技术保证。数据统计系统的建立，为政府部门提供决策支持和信息反馈，对企业按期实现淘汰目标起到敦促和推动作用。技术指导书的编辑出版为广大空调企业工人、技术和管理人员提供了一本可资借鉴的工具书。各种培训活动的开展，规范了项目的执行，提高了公众的环保意识，推动了汽车空调行业淘汰的工作进展。总之，技援活动为企业的淘汰活动提供了技术支持，为政策法规的制定和实施提供了技术支撑；有力地保证了汽车空调行业 CFC-12 整体淘汰计划任务的完成。

（3）多边基金的资助提供了为实施淘汰计划必要的支持

由于《蒙特利尔议定书》多边基金的财政支持，在项目启动阶段，扶持汽车空调重点骨干企业进行从 CFC-12 至 HFC-134a 的技术改造，生产出大量合格的 HFC-134a 汽车空调系统及零部件，为汽车整车的技术改造奠定了物质基础。多边基金的资金支持，促进了 CFC-12 汽车空调系统和零部件的技术转换，也支持和推动了技援活动的开展，对项目顺利完成起到非常重要和必要的作用。

（4）充分发挥多方面的积极性是取得成功的重要因素

《中国汽车空调行业整体淘汰 CFC-12 计划》能够顺利完成，是充分发挥多方面积极性的结果。各级政府部门高度的重视；国际执行机构即世界银行的严格、认真的管理；有关组织、管理部门努力工作；技援单位认真开展活动；投资项目企业积极进行技术改造；没有得到资助的汽车空调器厂主动自筹资金改造设备；此外，汽车厂为了进行 CFC-12 替代技术改造，投入了大量的人力、物力和资金。正是因为充分发挥了各方面的积极性，才使整体淘汰项目能圆满完成。

3.12 制冷维修行业的 CFC 淘汰活动

中国的制冷维修行业共分为 4 个子行业，即汽车空调（MAC）、家用制冷（DRS）、工商制冷（ICRS）和中央空调维修行业。中国政府决定在汽车空调（MAC）维修子行业寻求多边基金对淘汰活动的支持。对于其他 3 个子行业（ICRS、DRS 和中央空调），中国政府开发 CFC 消费（维修）淘汰战略，但并不寻求多边基金资助。

3.12.1 制冷维修行业淘汰项目的实施

针对 CFCs 维修服务，至 2003 年底，多边基金已经在制冷维修行业支持了总共 8 个淘汰项目。这些项目的主要内容是培训、技术示范和战略开发，表 5 给出了这些项目的概要。这些项目对促进中国制冷维修行业的 CFCs 淘汰发挥了积极作用。

表 5 多边基金支持的制冷维修行业项目

执行机构	项目名称	淘汰量/t	批准资金/美元
UNDP	为离心式空调和家用制冷维修管理和技术人员建立培训计划	0	75 000
UNDP	HFC-134a 技术在 MACs 的应用可行性研究和 CFC 回收再利用研究	0	24 836
UNDP	为促进 CFCs 回收再利用而进行的政策调查和计划措施研究	0	80 642
美国	MAC 维修示范项目	7	172 500
UNDP	示范项目 (冷藏——大型食品贮藏冷库)	10	76 000
美国	示范项目 (冷藏——大型食品贮藏冷库)	0	158 400
美国	汽车空调（MAC）维修示范	11.4	462 600
UNEP/日本	制冷维修行业战略开发	0	350 000
合计		28.4	1 399 978

3.12.2 《中国制冷维修行业 CFC 淘汰战略》的制定

中国政府为保证实现其履行蒙特利尔议定书的目标，特别是保证中国制冷维修行业在 2007 年和 2010 年实现对 CFC-11 和 CFC-12 消费的控制目标，着手制定了《中国制冷维修行业 CFCs 淘汰战略》。通过问卷调查、实地调查和分析相关协会提供的行业数据，研究了制冷维修行业的 4 个子行业，即汽车空调（MAC）维修、家用制冷（DRS）维修、工商制冷（ICR）维修和中央空调维修行业有关 CFCs 消费和维修行业结构的现状和特点，包括各行业维修点的数量和类型、维修技术人员的数量、维修技术的培训和开发模式、采用的维修操作方法以及 CFCs 回收和再利用技术（R&R）的使用情况等。

（1）CFC 消费和供应状况评估

根据 CFCs 设备的用户数，通过采用年度评估方式来评估各个子行业每台设备的维修需求量，估计出了 2001—2010 年每年的

CFCs 消费需求量。分析表明，2001 年制冷维修所需 CFCs 总消费量为 6 164 t，其中包括 MAC 维修 1 685 t，家电维修 484 t，工商制冷维修 3 500 t 和中央空调维修 495 t（467 t CFC-11 和 28 t CFC-12）。在 CFC 供应状况方面，考虑中国政府和多边基金已经批准的 CFCs 生产行业淘汰时间表，可以看出在 2005 年后全国 CFC-12 消费量将超过生产量，这意味着中国必须在 2005 年后需进口或回收再利用 CFC-12 才能满足其消费量需求。而且由于 2005 年以后进口源很可能非常有限，因此 CFCs 回收再利用将是最重要的措施。

（2）汽车空调维修行业淘汰 CFC 战略

汽车空调 (MAC) 维修行业淘汰战略中建议的关键性技术是回收再利用（R&R）技术和从报废车辆中回收再生 CFC-12 技术。战略的一个关键部分就是要在近 1 万家大型汽车维修点推广 R&R 技术操作。这些维修企业中有将近 7 000 家属于各汽车制造商，或者是他们的授权维修站，另外 3 000 家是独立的维修点。要促进 R&R 技术的采用，就需要向这些维修点提供资金支持以帮助他们获得 R&R 设备。更进一步地，为从报废车辆中回收 CFCs，需要①在主要城市建立 30 个中心回收站从报废车辆中回收 CFC 制冷剂；②在全国建立 4 个再生中心，将从报废汽车中回收的 CFCs 制冷剂集中进行再生。再生的 CFCs 可以通过销售渠道供应市场代替新生产的 CFCs。另外为了销毁由于污染严重而不能再生的 CFCs，建立了 4 个国家 CFCs 销毁中心。

维修行业实施的关键性政策措施包括：①在相关部委的帮助下，务必使新建 MAC 维修站都拥有和采用 R&R 设备；②组织维修技术人员的 R&R 技术培训，建立技能测试和认证体系；③根据维修技术人员的 R&R 技能和维修操作的改进，建立维修点分级体系；④制定法规控制新生产 CFCs 制冷剂的供应，并把 CFCs 的供应与 R&R 技术的实施结合起来。这些措施的目的就是加强 CFCs

制冷剂的回收再利用和再生，鼓励维修中的良好操作。

行业战略的一个重要特征就是把汽车制造商看作战略执行的连接枢纽。MAC 维修行业淘汰战略还包括公共宣传、加强国内职业学校教育、建立维修操作标准、MIS、监控、政策开发和能力建设等。

（3）其他制冷维修子行业的淘汰战略

对于工商制冷、家用电器和中央空调等其他维修子行业来说，技术培训、公共宣传、MIS、监控和维修操作标准开发等将作为 CFCs 淘汰的重要措施。在 MAC 维修行业取得经验的基础上，中国政府随后制定出有关这些子行业从报废设备中回收和再生 CFCs 制冷剂的具体政策。

3.12.3 《中国汽车空调维修行业计划》的实施

2004 年 11 月 29 日至 12 月 4 日，第 44 次多边基金执委会批准了“中国制冷维修行业计划”，给予 788.5 万美元基金援助，其中 400 万美元为日本双边资金。协议规定在《维修行业计划》中设定国家 CFC-12 消费总量目标，并通过核查 CFC-12 的生产量和进出口数据来对此目标进行验证，以验证中国政府是否实现了《维修行业计划》的目标。

在《维修行业计划》实施过程中，国家环保总局、重点省市的环保部门、交通主管部门和主要汽车生产企业联合在全国各地开展各种形式的公众宣传活动，以提高公众保护臭氧层的环保意识。组织专家编写制冷维修培训教材，在北京建立 1 个国家级培训中心，负责培训教员；在主要城市建立 15 个汽车空调 CFC-12 制冷剂回收地方培训中心，负责培训汽车空调维修和报废汽车拆解的技术工人。同时通过国际招标，采购一定数量的回收设备，分配给主要地区的重点维修站，开展 CFC-12 制冷剂回收的示范工作。对报废汽车拆解行业，在培训的基础上，为国家认可的企业配备回收设备，全面开展回收工作。

国家环保总局还于2007年起逐步启动并开展家用制冷、工商制冷、建筑制冷等其他行业的CFCs回收再利用工作，主要活动包括：企业维修过程中使用CFC-12及维修技术水平的调查、一系列公共宣传活动、维修操作规程及相关政策的开发、针对部分生产厂家维修人员进行培训等；同时，与汽车空调行业类似，为一定数量的示范企业配备回收设备。

3.13 淘汰甲基溴的行动

甲基溴被广泛用作土壤熏蒸剂或其他消毒剂。经过甲基溴熏蒸处理的地块，草莓、黄瓜、番茄、茄子、辣椒、花卉、烟草等农作物普遍增产30%，而且果实的品质更好；使用甲基溴对需要储存的粮食和干果进行熏蒸，可以大大减少虫害的发生，而且，熏蒸之后没有残留，对人类非常安全；为防止有害生物通过运输和进出口货物等途径传入、传出、繁殖和扩散，目前许多国家都要求进口的货物（尤其是使用木质包装箱的货物）在进入本国前必须使用甲基溴进行熏蒸。但甲基溴能够损耗臭氧层，其消耗臭氧层潜能值（ODP）为0.6。甲基溴在中国既有生产也有消费。根据《议定书》哥本哈根修正案，作为发展中国家的中国应在2005年前将ODS用途甲基溴的生产和消费削减20%，并在2015年前实现淘汰（必要用途除外）。多边基金分别于第41次执委会和第44次执委会会议批准了中国的甲基溴消费行业淘汰计划一期和二期，于第47次执委会会议批准了中国的甲基溴生产行业淘汰计划。

3.13.1 甲基溴控制和淘汰的相关政策

甲基溴的淘汰涉及多个政府部门，环保部、农业部、国家烟草专卖局、国家粮食局、国家质量技术监督检验检疫总局、国家海关总署、商务部等部门从生产、消费、进出口、产品质量、技术标准等方面共同开展了淘汰活动。

为加强对甲基溴的生产、消费和贸易的管理，有关部门颁布了以下政策和措施：

《关于禁止新、扩建或改建1,1,1-三氯乙烷和甲基溴生产项目的通知》（环发〔2003〕60号），2003年7月1日公告。

《关于实施甲基溴生产许可证和配额管理的公告》（环发〔2004〕155号），2007年5月21日公告。

《关于控制甲基溴进口和出口（包括QPS）：进口和出口甲基溴（包括QPS）的许可证管理》，自2004年1月1日起生效。

发布《中国进出口受控消耗臭氧层物质名录(第三批)》的通知（环发〔2004〕25号），2004年2月6日公告。

《关于粮食仓储行业全面停止使用甲基溴的公告》国家粮食局、国家环境保护总局（2006年第4号），2006年9月26日公告。

《关于禁止甲基溴在烟草行业使用的公告》国家粮食局、国家环境保护总局（2008年第1号），2008年11月19日公告。

3.13.2 甲基溴消费行业淘汰

（1）粮食仓储行业

根据甲基溴消费行业整体淘汰计划，从2004年起至2006年全国粮食仓储行业应实现甲基溴淘汰126 t ODP；自2007年1月1日起，不再使用甲基溴作为熏蒸杀虫剂。

在行业计划批准之前，由于储藏条件的限制，中国粮食仓储部门用甲基溴作为熏蒸剂消灭粮食储藏中发生的虫害。中国粮食仓储行业淘汰甲基溴项目自2004年底正式启动，国家环保总局和国家粮食局于2006年5月签署了工作备忘录。项目对全国16个省（公司）

的 128 个粮库使用甲基溴和仓房气密性能的情况进行了调研，确定了磷化氢膜下环流熏蒸技术和磷化氢与二氧化碳混合熏蒸技术作为淘汰甲基溴的主要替代技术，为实现行业淘汰奠定了技术基础。

相关技援活动也同步展开，除发布《关于粮食仓储行业全面停止使用甲基溴的公告》外，还制定了《磷化氢熏蒸技术规程》行业标准，在粮食仓储行业全面系统地规范了储粮磷化氢熏蒸技术的操作要求，组织编写培训教材和宣传手册，进行广泛宣传；分 6 期对全国 128 个使用单位的 387 名粮食仓储管理和技术人员进行了技术和管理培训；向 34 个粮库援助了替代设备、仪器。粮食仓储行业成为第一个完成甲基溴淘汰的消费行业。

（2）烟草行业

按照行业计划要求，烟草行业应在 2007 年底前淘汰 427.8 t ODP 甲基溴消费，并从 2008 年 1 月 1 日起在该行业实现甲基溴的全面淘汰。

中国烟草行业淘汰甲基溴项目从 2004 年底正式启动，国家环保总局与国家烟草专卖局于 2005 年 10 月签署了工作备忘录。项目分为两期：一期工作主要是在南方三地（贵州遵义、福建龙岩和云南大理）和北方三地（山东临沂、河南南阳和湖北恩施）建立育苗示范中心，共建温室面积约 98 800 平方米二期工作涉及 17 个地区，包括湖南郴州和永州、山东潍坊和日照等。二期建成温室面积约 125 200 平方米。

作为技术援助活动内容，烟草行业开展了一系列宣传、培训、会议活动，宣传淘汰政策，推广替代技术，提高各地烟草公司和烟农的环保意识和育苗技术水平，促进加大对替代技术的投入，确保了淘汰目标的实现。

（3）农业行业

根据行业计划要求，农业行业在 2014 年底前淘汰 534 t ODP

甲基溴的消费，并从2015年1月1日起在该行业实现甲基溴的全面淘汰。中国农业行业甲基溴淘汰项目于2006年启动，国家环保总局和国家农业部于2006年6月签署了工作备忘录。农业行业淘汰活动于2008年正式开始，根据甲基溴消费每年度的履约目标，制定年度淘汰计划。目前，已经在农业甲基溴主要消费地区山东、河北等地针对草莓、生姜、黄瓜、番茄等主要作物开展了一系列的淘汰活动，同时，考虑到农业行业消费群体主要是农民这一特点，开展了培训、技术筛选及示范、监测评估、替代技术施药机械研发、嫁接技术示范、宣传等相关技术援助活动，推广可行的替代技术，提高地方农业部门和农民的环保意识和对甲基溴淘汰的认识，确保淘汰目标的实现。作为农业土壤熏蒸剂甲基溴的主要替代品有棉隆、威百亩、氯化苦以及生物控制剂等。

3.13.3 甲基溴生产行业淘汰

根据第47次多边基金执委会会议批准的《中国甲基溴生产行业计划》，多边基金将向中国提供总计979万美元的赠款资金，以实现中国甲基溴生产行业在2015年以前淘汰776.3 t ODP（1 293.8 t实物）的甲基溴生产量。根据中国甲基溴生产行业淘汰计划，到2014年12月31日，中国受控用途甲基溴生产产量将从776.3 t ODP削减至零，与消费行业同步实现受控用途全面淘汰的目标。

2003年7月，国家环保总局颁布《关于禁止新、扩建或改建1,1,1-三氯乙烷和甲基溴生产项目的通知》，要求各地禁止新建、扩建或改建甲基溴生产装置，环保部门不得批准甲基溴生产建设项目环境影响报告书。2004年5月，国家环保总局发布公告，对甲基溴生产实行配额管理，要求所有甲基溴生产者都应该向国家环保总局申领生产配额证。同时，对甲基溴行业加强监督管理，在生产企业数据核查的基础上，拟定并实施了全行业的生产和销售监督管理办法。

甲基溴生产行业的淘汰活动在中国三家甲基溴生产企业进行，第一期 2005—2007 年，第二期 2008 年、2009 年、2010 年，第三期 2011 年、2012 年、2013 年的生产企业减产补偿合同已经签署。截至目前为止，项目执行顺利，第四期 2014 年生产企业减产补偿合同即将签署。2005 开始对生产企业实行年度受控用途配额控制，每年向生产企业颁发甲基溴受控用途配额许可证。同时，对于装运前和检验检疫用途（QPS）和原料用途进行严格监管，实行原料用途备案管理，对原料用途的下游用户资质情况进行审核，确保甲基溴 QPS、原料用途销售的甲基溴流向受控用途领域。每年组织行业专家对生产企业进行核查，确保生产行业履约目标的实现。为支持农业领域甲基溴的替代，在生产行业下安排了资金对生姜种植等领域的甲基溴替代品的注册进行支持。行业计划也支持了检疫和转运前用途领域甲基溴的信息管理系统建设、替代技术调研、研发和示范等活动。

3.14 加速淘汰 CFC 的战略和行动

《中国 CFC/CTC/Halon 加速淘汰协议》（简称 APP）的实施从 2004 年至 2009 年，共计 6 年，主要淘汰影响是哈龙 1301 的加速淘汰和 CFCs 在 2007 年的完全淘汰。在 APP 中，中国同意下列控制目标：① CFCs 的总生产和消费；②聚氨酯 (PU) 泡沫行业的 CFC-11 消费限制；③ CFCs 净出口；④ CTC 总生产；⑤作为 CFCs 原料的 CTC；⑥哈龙 1301 的生产；⑦哈龙 1301 的消费和出口。此外，协议中还强调了要加强中国地方环保局淘汰 ODS 管理能力的建设。

根据协议，2007 年 6 月 30 日将中国的 CFCs 生产量从 1999 年的 44 793 t ODP 减少到 0 t ODP。按照 2010 年蒙特利尔议定书第 21

次缔约方大会第4号决定，在中国豁免用于MDI的CFCs的生产和消费量，包括223.2 t CFC-11和749 t CFC-12，共972.2 t。哈龙1211的生产和消费已于2006年1月1日完全淘汰。根据APP协议，哈龙1301的生产量将在2006—2009年内削减至1000 t，2010年削减为0 t。

从2007年起，陆续发布了一些关于停止生产和消费CFCs、哈龙、四氯化碳、三氯乙烷的政策。《消耗臭氧层物质管理条例》自2010年6月1日起生效。政策和法规的执行是中国确保持续淘汰ODS的关键。地方环保局在这一过程中正发挥越来越积极和重要的作用。

为增强地方环保局在APP的实施中的业务能力，环保部为地方环保局进行了全方位能力建设的活动，包括：法规和政策执行，宣传和教育，管理人员培训等，确保了淘汰ODS的持续性。地方环保局的活动主要包括对消耗臭氧层物质的生产商、消费者和贸易商的调查，公共意识培训活动，在省级和市级的政府官员关于管理和检查ODS的培训，完善当地管理政策，加强相关地方政府部门之间的协作，加强对企业的监督管理。

环保部与31个省、直辖市、自治区和5个计划单列市签署了协议，并于2007年9月5—9日在南京和成都组织了两期培训班，为地方环保局开展能力建设活动的培训；又于2008年5月26—28日在上海组织了全国研讨会，进一步促进能力建设活动的实施。2009年6月9—10日，在湖南省长沙市，环保部组织了培训班，来自12个主要ODS生产和消费省、直辖市的超过30名代表参加了这次活动。在培训班上，代表们报告了2008年项目进展和2009年的工作计划，并且交换了在项目实施过程中优良的做法与宝贵经验。

环保部于2008年12月和2009年3月召开了两次“地方能力建设项目”的评估会议，对26个省、自治区、直辖市所提交的ODS生产消费报告进行审查。

从2009—2010年，地方环保局开始准备进展报告，报告内容包含机构组织、ODS数据调查、法律执行、培训、宣传和教育、政策制定、经验和工作改进。在项目实施的初始阶段，有一些地方环保局对于ODS淘汰和国际合约的具体目标了解不多，然而随着项目实施，相关人员在执行政策和法规上能力增强、更加胜任，并投入了更多努力以使利益相关者参与到项目中。各省市依据ODS在本地区生产、消费和贸易的特点组织淘汰活动。

通过能力建设活动，所有参与的省、自治区、直辖市和计划单列市已经建立起ODS淘汰活动协调小组或协调机构。一些省份已就禁止CFCs、哈龙及其他ODS的生产和消费，制定了合乎实际的当地政策。

3.15 加强ODS进出口管理

为有效控制各国ODS的生产和消费量，保证ODS淘汰目标。1997年，《议定书》第9次缔约方大会通过了《议定书》蒙特利尔修正案，其中就缔约方家实施ODS进出口控制做了规定，对受控ODS物质的进出口实施许可证制度，并禁止缔约方与非缔约方之间有关ODS的贸易。中国是目前世界上ODS的生产和消费大国，为有效履行中国政府对《议定书》的承诺，于1999年12月在北京召开的第11次缔约方大会期间，中国政府郑重宣布，中国将对ODS进出口实施许可证配额管理制度。

为了做好这项工作，2000年7月，经中编办批准，由国家环保总局、商务部（原外经贸部）、海关总署联合成立“国家消耗臭氧层物质进出口管理办公室”，负责管理办法的具体实施和相关工作的协调。颁布了六批《受控ODS进出口名录》，对《议定书》规定的中国所有生产和使用的ODS进行了单独编码，实行了进出口许可证管理，实施了网上审批和公示制度，实现了审批数据、许可证数据和海关数据的动态联网，方便了企业的进出口管理以及政府有关部门的监督。国际组织与机构对中国的进出口管理体系表示了赞赏和认可。

随着履约淘汰活动的不断深入，ODS 非法贸易所带来的风险日益显现出来。生产国相对较低的 ODS 生产成本与一些进口受限国较高的市场价格之间的利润差额成为 ODS 非法贸易的动力。同时，由于某些 ODS 替代品较高的市场价格，也滋生了潜在的 ODS 非法消费市场，促进了非法贸易。一些迹象显示，随着 ODS 的生产削减，ODS 非法贸易行为呈上升的趋势，非法贸易对进出口国家双方履约目标的实现均带来了风险与挑战。

ODS 非法贸易在全球范围内的出现成为 2005 年蒙特利尔议定书缔约方大会上的热点议题，非法贸易已经成为《议定书》实施成功的巨大挑战并引起国际社会的高度关注。越来越多的 ODS 非法贸易被各国海关查获，科威特、阿根廷、新加坡、南非、以色列等国家都报告了来自中国的 ODS 非法出口信息。

2005 年底，国际非政府组织 EIA（环境调查机构）发布了在中国调查非法出口 ODS 调查报告，中国政府高度重视此项事件。针对非法出口现象，环保部、商务部和海关总署联合制订了行动计划，包括组织对经销商和进出口商进行培训；组织三部委成员单位到基层调研；与海关部门开展联合专项行动及能力加强项目的合作等。几年来，通过上述行到措施的开展，在保障 ODS 正常贸易、打击 ODS 非法进出口等方面起到了巨大的积极作用，查获了一批 ODS 非法贸易案件，震慑了不法分子，赢得了国际社会的赞誉，维护了国家形象。

3.15.1 加强进出口管理的能力建设

为保证对ODS进出口的有效管理，需加强管理能力的建设，为此，组织了各种培训和交流，不断总结经验，提高监管水平。十几年来，根据培训对象的不同，进出口办聘请行业专家进行专题培训，包括12次海关部门培训，2次商务部门培训，数十次环境监察部门以及企业培训，直接培训人数约2 000人。

2009年3月，在福建厦门召开了管理工作会议；来自相关机构的管理人员、专家和代表参加了这次会议。

2009年中国和中部、东部亚洲地区的一些国家关于在边境联合执法（包括海关人员的联合训练/培养）的对话会在乌鲁木齐举行。此次会议关注于改善ODS进出口管理的能力，提升信息和工作经验交流的能力及提高相互协作的能力等方面。来自吉尔吉斯斯坦，塔吉克斯坦，哈萨克斯坦和蒙古环境和海关等部门以及世界海关组织的专家参加了此次会议。通过此次会议，参加方加深了彼此了解，在友好合作诉求的基础上，进一步讨论了控制ODS的事宜。中国和有关国家的ODS管理部门建立了直接的联系，这对于加强信息交流十分重要。

2010年7月，在山东威海举行了关于ODS进出口管理的工作会议。来自海关和环境保护领域的高级专家参加了此次会议。

2010年10月，关于ODS进出口管理的第二次研讨会在新疆乌鲁木齐举行，当地的海关和环境方面的高级官员参加了会议。

2011年10月，利用UNEP小额赠款，在乌鲁木齐海关开展了打击ODS非法贸易执法宣传项目。通过为乌鲁木齐关区内与吉尔吉斯斯坦等中亚国家的边境口岸（机场、汽车站、边防检查站等）、海关监管区域设计、印制、张贴一批以保护臭氧层知识及打击ODS非法贸易为内容的宣传画和宣传册，提高边境公民的守法意识及执法官员打击ODS非法贸易的执法能力，保证履约目标的顺利实现。

开发了 ODS 进出口管理在线审批系统。2009 年 6 月，进出口办与商务部配额许可证事务局（简称许可证局）合作开发设计了中国 ODS 进出口管理在线审批系统，目前运行良好。系统实现了网上申请、网上审批，提高了进出口管理工作的效率，方便了企业。2010 年，根据相关廉政要求，进一步规范 ODS 进出口审批管理，秉持“公正、公平、公开”的工作原则，在原有审批系统的基础上，增加了公式模块，利用科技手段，使每一笔的进出口审批接受社会大众的监督，以“阳光审批”为工作目标，努力完善 ODS 进出口审批管理，服务整体履约工作。2013 年，为了配合 HPMP 的起草和行业淘汰计划制定的需求，又开展了 ODS 进出口管理数据传输光缆建设系统的开发工作，实现了进出口办 ODS 进出口审批数据、商务部的换证数据与海关清关数据之间的三同步，对履约工作具有重要意义。开发的 ODS 进出口管理的网上信息交流系统不仅实现了环境保护部进出口管理办公室和商务部执照管理局之间的信息交流，也实现了 ODS 进出口在线申请。该系统目的在于提高进出口管理办公室的工作效率和精准度。系统建设从 2009 年 4 月开始，在 2010 年 1 月 1 日正式运营。

与海关部门联合开展专项行动，打击 ODS 非法贸易。自 2006 年以来，先后开展了“补天行动”“补天行动 II 期”“大地女神行动”及“绿篱行动”等以打击 ODS 为主要内容的专项执法行动，通过“专项行动”的开展，进一步加强了中国海关部门打击 ODS 非法贸易的意识，加强了部门合作。查获了多起的 ODS 非法贸易案件，各地还先后发现一批 ODS 非法入境线索。对犯罪分子起到了震慑作用，遏制了非法贸易的发展势头，树立了良好的负责任的大国形象，引起了国际社会强烈反响。

开展“中国海关打击 ODS 非法贸易能力加强项目”。提高海关的进出口监管能力建设无疑是打击ODS非法贸易最关键的环节，其在打击非法贸易中发挥的作用也最直接。2010 年 6 月正式实施的《消耗臭氧层物质管理条例》中明确规定了海关总署等有关部门依照本条例的规定和各自职责负责消耗臭氧层物质的有关监督管理工作。为深入贯彻落实《消耗臭氧层物质管理条例》的相关要求，加强中国海关履行《蒙特利尔议定书》的能力，2012 年开展了海关缉私部门 ODS 进出口执法能力加强项目（I 期），选定了上海、宁波、黄埔、乌鲁木齐四个海关的缉私部门作为试点，通过该项目实施，各项目海关结合本关区特点，制订了有针对性的行动方案，通过调研、宣传培训、加强对重点物质的监管等手段，不仅提高了海关关员对于 ODS 商品知识的了解，并且对国家履行《蒙特利尔议定书》的意义也有了深刻认识；通过加大对 ODS 及其替代品 HFCs 的查验力度，增加查验批次，分析走私 ODS 的重点航线、企业和品名，防止走私分子利用伪报货物名称、出口目的港等方式进行非法贸易；通过对 ODS 商品的规范化申报，加大对重点企业和重点商品的批量复核力度，加强对相关化工产品报关单和随附单证的审核，防止企业申报不实；通过开展 ODS 非法贸易专题风险分析研判，筛选确定一批高风险企业实施风险布控；同时积极发挥大型集装箱检查设备优势，加大人工查验力度，对发现的罐装化工产品，及时抽样送检；通过上述工作措施的开展，进一步加强了预防和打击 ODS 非法贸易的工作力度。在项目实施过程中共查获了多起 ODS 非法贸易案件，震慑了犯罪分子，对整体履约工作起到了促进作用。

为了巩固 I 期项目的工作成果，同时深入扩展与海关部门的合作，现正在开展 II 期项目的工作。II 期项目合作对象将扩展至海关监管部门，在缉私、监管两个部门间协同开展工作。由于监管部门处于海关货物进出境的监管现场，是发现非法贸易线索和甄别非法货物最直接的一线，因此加强监管部门的能力建设是深入做好打击

ODS 非法贸易工作的必要手段。同时考虑到当前 ODS 非法贸易的热点和重点地区，在 I 期项目的基础上，将南京、青岛、深圳、南宁、昆明和哈尔滨海关纳入到 II 期项目当中。

3.15.2 ODS 进出口管理的特点

（1）组建了清晰的 ODS 进出口管理机构框架。自进出口办成立以来，逐步完善了中国 ODS 进出口管理部门合作框架，明确并细化了各部门的职责，确立了联络员沟通机制以及年度联席会议，确保各部门及时掌握中国 ODS 进出口管理的相关情况，并据此适时对重大活动或政策提出建议和意见，真正实现了部门密切合作，共同参与，共同决策，共同推动，有效提高了工作效率。

（2）建立了 ODS 进出口管理政策法规体系。根据《消耗臭氧层物质进出口管理办法》，自 2000 年至今，三部委已联合发布了六批《中国进出口受控消耗臭氧层物质名录》（简称《名录》），对《名录》中所列物质实行进出口许可证管理制度。《名录》基本包含了《议定书》规定的受控物质，以确保中国政府切实履行国际公约。2014 年 1 月 27 日环保部、商务部的部长和海关总署署长联合签署了部长令，颁布实施了新修订的《消耗臭氧层物质进出口管理办法》（自 2014 年 3 月 1 日起施行）。

（3）实现了 ODS 进出口审批清关数据电子化管理。进出口办筹建的网上申请及审批系统——国家消耗臭氧层物质管理系统于 2010 年开始运行，实现了网上申报与纸文件交叉审核，对有异议的申请也可通过网络邮件等方式澄清，极大地提高了工作效率。同时增设了公示环节，每笔申请在获得最终批准前需要经过公示，接受公众监督，确保审批过程公平、公正、公开。2013 年在审批系统的基础上开发了国家消耗臭氧层物质进出口管理与联网核查系统，将审批数据、许可证发放数据以及海关清关数据及时整合在一起，可提供实时清关执行率查询，便于管理人员掌握进出口真实情况，分析风险、及时决策。

（4）形成了长效的宣传培训机制。可持续的宣传培训是帮助相关人员了解 ODS 进出口管理知识，提高海关人员执法能力，确保 ODS 进出口管理工作顺畅开展的有效手段。

（5）积极参与国际交流合作，遏制 ODS 非法贸易。自 2010 年以来，信息共享成为有效遏制 ODS 非法贸易的一项重要手段。目前，全球 60 多个国家加入了联合国环境规划署倡导的预先通报系统，各国臭氧机构将本国合法的 ODS 进出口商名单在各国臭氧机构范围内共享，以便在收到企业提交的申请后，各国臭氧机构可自行查看进出口商是否在所在国合法名单内。如果未列入名单，也可预先与进出口国臭氧机构进行信息沟通，以确认对方国家的进出口商的合法性以及贸易的真实性，有效地遏制非法贸易的发生。中国作为世界最大的出口国，积极参与该交流平台对于遏制非法贸易有着至关重要的意义。

（6）部门联动，共同打击 ODS 走私活动。部门合作是中国 ODS 进出口管理的显著特征，这不仅体现在日常行政审批管理的各个环节，在打击非法贸易走私活动中，更是通过部门联动、互相配合才能有效加强打击力度。国家消耗臭氧层物质进出口管理办公室利用部委联系的工作机制，在环保、商务、海关三个成员单位间明确分工，有力配合，从各自职能出发，建立切实有效的工作机制，使 ODS 进出口管理工作得到有序开展。同时，海关总署、环境保护部、进出口办以及世界海关组织亚太情报联络中心积极联手，建立了密切配合的工作机制，查获了多起 ODS 非法贸易案件，遏制了非法贸易的发展势头，树立了良好的负责任大国的形象。

4 淘汰 ODS 环境效益分析

中国提前完成了第一阶段的 ODS 淘汰目标，不仅为保护地球臭氧层作出了巨大贡献，同时也减少了对气候变化的影响，产生巨大的协同环境效益，为保护生态环境和公众健康做出了贡献。

4.1 淘汰主要 ODS 的环境效益分析

CFCs、哈龙等 ODS 同时也是高 GWP 值的温室气体，它们除了耗损臭氧层，同时也是显著的辐射强迫因子。在 2013 年政府间气候变化专门委员会（IPCC）发布的评估报告中，卤代烃的辐射强迫为 0.18W/m^2（0.1 ～ 0.35 W/m^2）。淘汰 CFCs、哈龙等 ODS 已经对臭氧层的恢复起到重要作用，不仅如此，它们的淘汰对减缓气候变化的贡献也是巨大的。2007 年 Guus J. M. Velders 等发表的文章显示，全世界在淘汰 CFCs 和哈龙的同时，仅 2010 年一年就能减少相当于 97 亿～ 125 亿 t CO_2 当量的温室气体排放，这一减排量是《京都议定书》在 2008—2012 年期间年平均减排量目标的 5.5 倍。中国作为最大的发展中国家，在经济高速发展的同时，在多边基金支持下，2011 年前直接淘汰 ODS 生产量 129 598 t ODP，淘汰 ODS 消费量 123 507 t ODP（以年为单位计算；数据来源：多边基金数据库），分别占所有发展中国家的 69.9% 和 44.8%。因此，估算中国履行《议定书》对减排温室气体的贡献，对探讨履行国际公约的机制和履约产生的协同环境效益十分重要，对进一步研究上述

ODS 替代品 HFCs、PFCs 等的辐射强迫，探讨《京都议定书》下控制含氟温室气体策略十分重要。北京大学自 1991 年起先后开展了有关《中国逐步淘汰消耗臭氧层物质国家方案》编制和十几个行业战略、计划的研究工作，本节中相关数据除标明来源外，其他数据均为开展上述研究工作中调查到的数据。

4.2 主要 ODS 的消费和排放

《议定书》的控制物质包括附件 A 中的第一类物质 CFCs 和第二类物质哈龙，附件 B 中的第一类物质其它全卤化 CFCs、第二类物质四氯化碳 (CTC) 和第三类物质甲基氯仿等物质。中国首批控制并已经完成淘汰的 ODS 包括 CFCs、哈龙、CTC 和甲基氯仿。《中国逐步淘汰消耗臭氧层物质国家方案》显示，中国第一代主要生产和消费的 ODS 见表 6。

表 6 中国第一代主要受控 ODS

物质	分子式	ODP	GWP（100 年）	大气寿命	CAS 号
CFC-11	CFCl3	1.0	4 680	45	75-69-4
CFC-12	CF2Cl2	1.0	10 720	100	75-71-8
CFC-113	C2F3Cl3	0.8	6 030	85	76-13-1
Halon-1211	CF2BrCl	3.0	1 860	16	353-59-3
Halon-1301	CF3Br	10.0	7 030	65	75-63-8
四氯化碳 (CTC)	CCl4	1.1	1 380	26	56-13-5

按照使用 ODS 的消费用途，上述主要 ODS 的消费领域包括：①制冷和空调行业（包括家用电冰箱冰柜行业、汽车空调行业、工业和商业制冷行业以及上述行业产品的制冷维修行业）；②泡沫行业；③清洗行业；④烟草行业；⑤化工助剂行业；⑥气雾剂行

业；⑦消防行业等。

中国报送联合国环境署的数据（1986—2010）显示，在全部第一批受控 ODS 中（即《议定书》伦敦修正案控制物质），按照 ODP 值计算，CFC-11、CFC-12、CFC-113、哈龙 -1211、哈龙 -1301 和四氯化碳占全部 ODS 消费量的 99.3%，CFC-114、CFC-115、CFC-13 和三氯乙烷四个物质仅占 0.7%。因此本文只针对 CFC-11、CFC-12、CFC-113、哈龙 -1211、哈龙 -1301 和四氯化碳六种主要 ODS 减排产生的环境效益进行分析。

按照报送的消费量数据显示，1992—2010 年期间，中国主要 ODS 累计消费量达到 821 871t，折合 102.4 万 tODP，50.60 亿 tCO_2 当量。如果中国不回收上述消费的 ODS，除部分产品出口到进口国排放，上述 ODP 值和 GWP 值也是中国主要 ODS（除 HCFCs 外）的潜在排放量。主要 ODS 最大消费量在 1995 年，当年消费 8.53 万 t，折合 11.7 万 tODP，4.39 亿 tCO_2 当量。按照中国已经实施的各个行业淘汰计划，2010 年必要用途将消费 1 511 tODP。中国 1995—2010 年主要 ODS 的逐年消费量见图 14。

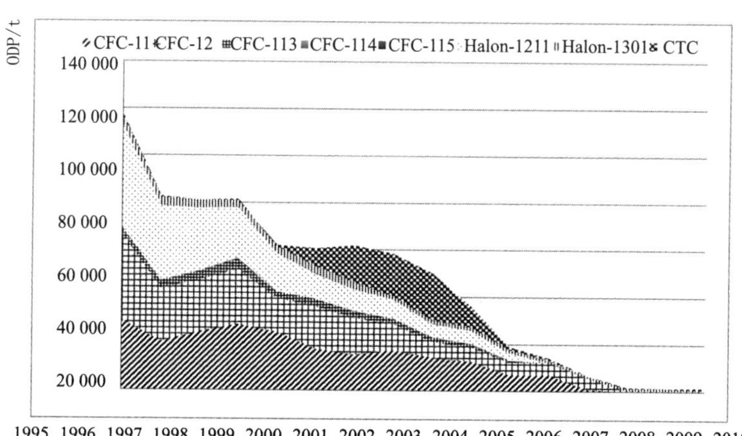

图 14 中国 1995—2010 年主要 ODS 消费量

按照 Dan Wan 等计算的排放量推算得出 1992—2010 年期间，累计排放量达到 851 258 t，折合 93.2 万 t ODP，GWP 值为 51.07 亿 t CO_2 当量；排放量最大年份在 1998 年，排放量为 6.24 万 t，折合 6.80 万 t ODP，3.86 亿 t CO_2 当量。尽管 2010 年中国已经基本淘汰主要 ODS 新的消费，但是当时设备中仍然存在 2010 年前消费的 ODS，这些物质如果不做回收、销毁等处理，其排放量估计有 15 544 t，折合 17 731t ODP，约 8 189 万 t CO_2 当量。

上述消费和排放实际上是受控后的真实消费量和排放量，中国因为控制产生的淘汰量及其对全球环境的贡献尚没有定量化的研究数据。本文的目的在于估算中国为履行《蒙特利尔议定书》而产生的实际减排量，核算中国在这一领域对全球环境保护的贡献，并为今后进一步核算履约的成本效益分析服务。

4.3 研究内容和分析方法建立

中国履行《蒙特利尔议定书》对全球环境的贡献主要包括 ODS 的减排和削减 ODS 同时带来的温室气体的减排两方面。减排量可以用两种形式表示，一种是减少的潜在排放量总量，即每年减少的消费量（以 Gc 表示），此数据表述不体现消费方式；如第 k 年的消费量减排表示如下。另外一种是逐年减少的排放量（以 Ge 表示），因为消费方式不同而排放速度不同。两种形式的表示方式只是在某年不一样，但逐年累计数目则是一样的（忽略消费过程的化学降解量）。Gc 更适合决策者对保护臭氧层活动进行成本效益评估，而 Ge 则适合于科学研究者对减排的具体逐年环境影响进行评估。

Gc（k）= 假如没有《约定书》下的消费量（k） 受控下消费量（k）

事实上履行公约在选择和开发替代技术的过程，也充分考虑了节能、节约资源等方面的需求，并且总体相比原有技术实现了能效提高和资源节约等目标。但由于涉及上下游相关产业链，参数多且复杂难以获得准确数据，本文不对其进行分析。

对于中国逐年和累计消费量减排量，通过对比中国报送联合国环境署消费量与假设没有《议定书》情景下中国的消费量就可以计算得到。而 Dan Wan 等依据中国主要 ODS 的实际消费水平对上述主要 ODS 减排后的实际排放做出了估算。因此，分析假设没有《议定书》情景下中国上述各个行业 ODS 排放量，扣除 Dan Wan 等估算的现有排放水平，即可得到 ODS 的减排量和削减 ODS 同时带来的温室气体减排量。中国各个行业 ODS 排放量计算方法采用 Dan Wan 依据《IPCC 国家温室气体清单优良作法指南和不确定性管理》建立的中国含氟温室气体排放模式进行计算。

4.4 无《蒙特利尔议定书》的情景假设

相比实际情景，估算没有《蒙特利尔议定书》情景下 ODS 的消费量采用如下假设：①依据 20 世纪 90 年代初的技术情况，消费 ODS 的产品一直不被其他技术替代，比如家用电冰箱一直采用 CFC-12 作为制冷剂；②技术进步对 ODS 消耗量的减少，2009 年 ODS 消耗量水平逐步减少到 20 世纪 90 年代初水平的 90%，比如 2009 年采用 CFC-11 发泡的聚氨酯泡沫，其单位 CFC-11 消耗量为 1995 年的 90%；③因生产出口产品而产生的消费量作为中国的消费量，比如生产出口的家用电冰箱压缩机清洗过程中消耗的 ODS 作为中国的消费量；④维修和设备报废过程无 ODS 回收，相应也没有 ODS 销毁。

依据上述假设，各个行业在没有《议定书》的消费量可以分两类来计算：第一类，产品基本标准化，有逐年年鉴数据或者行业数据，并可以直接从产量直接推算消费量，如家用冰箱冰柜行业和汽车空调行业。第二类，行业统计数据为产值或非标准产品，如工商制冷行业，其逐年产品统计数据主要是产值数据；在清洗行业，几乎每条采用 ODS 作为清洗的生产线因为清洗工艺或者产品不同，作为清洗剂的 ODS 无法直接从产量等数据反映出来。第一类行业 ODS 消费量通过年鉴中的产量数据可以直接计算，第二类行业 ODS 消费量只能通过行业数据间接计算，通过相应产品的产值、ODS 消费量以及不采用 ODS 时相应产品的产值推断出相应的 ODS 消费量。计算公式如下：

第一类行业逐年消费量：

$$消费量=\sum_{i=n}^{n} 第\ i\ 年的产量 \times 单位产品第\ i\ 年\ ODS\ 消耗量$$

第二类行业逐年消费量：

$$消费量=\sum_{i=n}^{n} 第\ i\ 年的产量 \times 单位产值第\ i\ 年\ ODS\ 消耗量$$

或者以与 GDP 相应增长速率计算该行业的增长。

在计算得出逐年不同行业的消费量后，采用 Wan Dan 依据《IPCC 国家温室气体清单优良作法指南和不确定性管理》建立的中国含氟温室气体排放模式进行计算，就可以得出假设没有《议定书》情景下中国主要 ODS 的排放情况。具体计算方法见 Wan Dan 等文章。

依据上述假设和分类，各个行业的基本情况归纳如下：

制冷和空调行业：制冷和空调行业包括家用电冰箱冰柜行业、汽车空调行业、工业和商业制冷行业以及上述行业产品的制冷维修行业。其中家用电冰箱、冰柜、汽车空调行业为上述第一类消费行业，可以通过电冰箱、冰柜和汽车空调产量推断出 ODS 消费量。

工商制冷行业、气雾剂行业、泡沫行业、烟草行业和清洗行业的 ODS 消费无法用产品作为特征数据进行估算，作为上述第二类消费行业，本研究采用 GDP 为替代参数对其 ODS 消费进行计算。

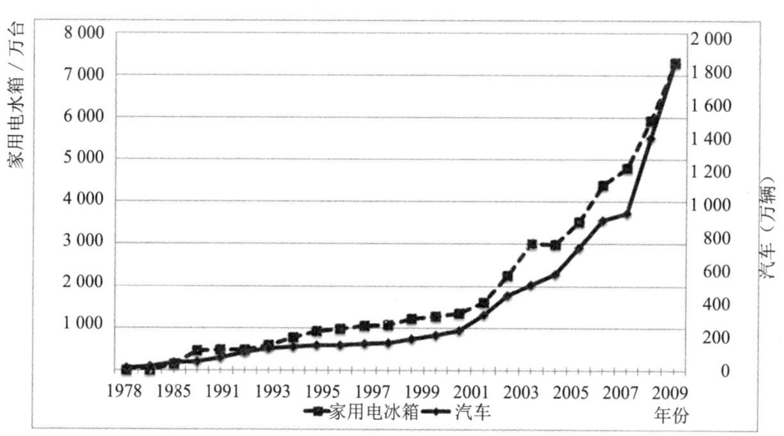

图 15　中国逐年汽车和家用电冰箱年产量

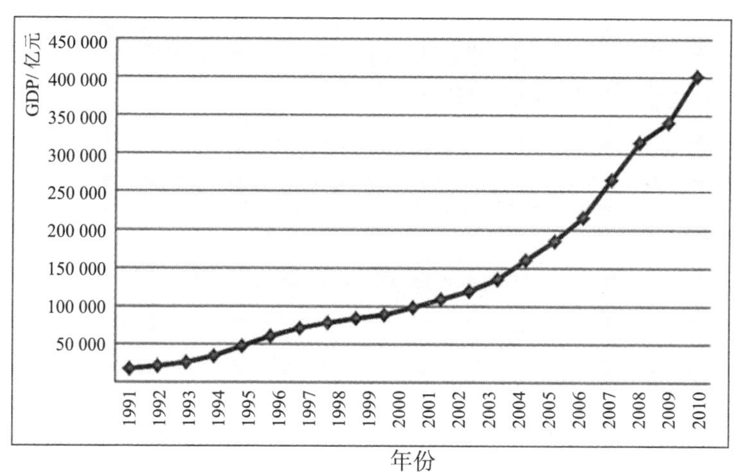

图 16　1990—2010 年中国 GDP 逐年变化

4.5 履行《蒙特利尔议定书》对全球环境的贡献

对比中国报送联合国环境署消费量和假设没有《蒙特利尔议定书》情景下中国的消费量，可以得到中国 ODS 的减排量。Dan Wan 等依据中国主要 ODS 的实际消费水平对上述主要 ODS 减排后实际排放做了估算。假设没有《议定书》情景下，中国上述各个行业因消费 ODS 产生的排放量，扣除 Dan Wan 等估算的现有排放水平，可得到 ODS 的减排量和削减 ODS 同时带来的温室气体减排量。中国各个行业 ODS 排放量计算方法采用 Dan Wan 依据《IPCC 国家温室气体清单优良作法指南和不确定性管理》建立的中国含氟温室气体排放模式进行计算。

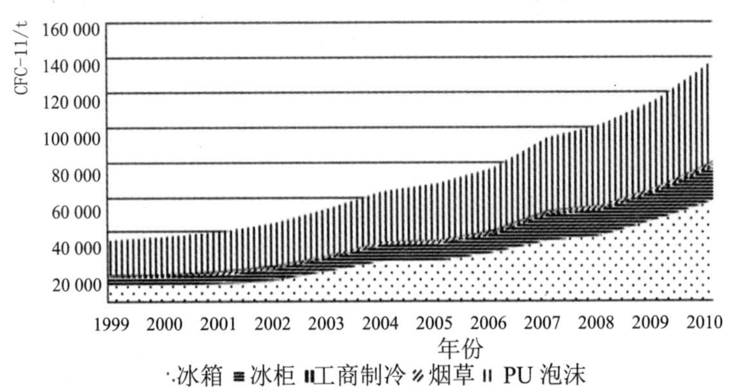

图 17 不受控情景 CFC-11 需求预测

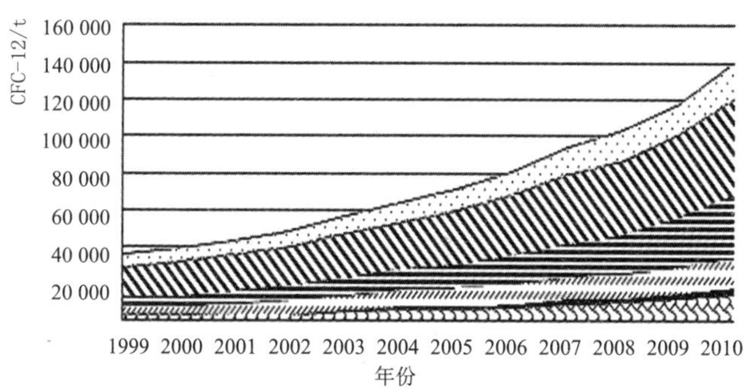

图 18 不受控情景 CFC-12 需求预测

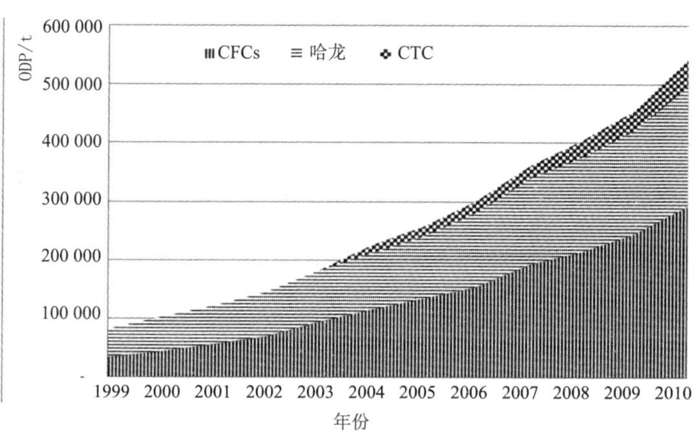

图 19 中国主要 ODS 不受控情景下消费量计算

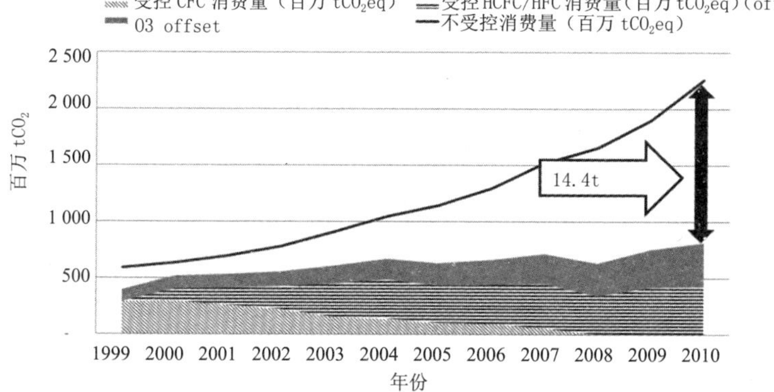

图 20 中国仅淘汰 CFCs 避免的消费量的温室效益

从图 17～图 20 可以看出，在没有《蒙特利尔议定书》的情况下，按照中国现有电冰箱、冰柜、汽车、烟草、泡沫等实际产量或产值计算，以 ODP 为单位，估算 2010 年 CFC-11 消费量为 13.7 万 t，CFC-12 的消费量为 14.0 万 t，CFC-113 的消费量为 1.8 万 t，此外哈龙消费量为 20.6 万 t、四氯化碳为 4.4 万 t。扣除采用 HCFCs 和 HFCs 替代带来的温室气体总量，扣除由于臭氧层恢复的温室效应，仅 2010 年一年就净避免温室气体排放量为 14.4 亿 t CO_2 当量。

5 履行公约取得的成就

中国作为最大的发展中国家，在ODS淘汰行动上取得了实质性进展。根据中国制定的《中国逐步淘汰消耗臭氧层物质国家方案》，在《蒙特利尔议定书》多边基金的支持下，自1991年以来中国先后完成了500余个淘汰替代项目，在汽车空调、烟草、工业和商业制冷、消防、清洗、家电、泡沫、化工生产等18个行业淘汰了CFCs、哈龙、四氯化碳(CTC)、三氯乙烷（TCA）和甲基溴等物质的生产和消费。经过近20年的努力，中国于2007年7月1日率先完成了CFCs和哈龙生产、消费和进口的淘汰，提前两年半实现了《议定书》规定的目标。截至2010年1月1日，除特殊用途外，中国已按照《议定书》的要求全面停止了CFCs、哈龙和CTC的生产和消费，并提前5年完成了TCA的淘汰任务，为保护臭氧层作出了突出贡献。

中国取得的成绩，是中国政府、企业和公众以及国际社会共同努力的结果。中国ODS淘汰活动的开展，极大地促进了中国环境保护工作的开展，中国从中获得了履行国际环境公约的成功模式和经验，为环境保护工作提供了成功借鉴；促进了中国环境保护事业的国际交流和环境外交的开展，增进了中外之间的交流与理解，促进了国际间的合作，充分体现了中国负责任的大国形象；淘汰活动的开展，促进了国际资金和技术的引进，扩大了对外开放的领域，促进了中国的技术创新；履约活动促进了中国与国际间的信息和技术交流，促进中国与国际社会的同步发展；通过履约活动，减少了大量 ODS 物质排放，保护了臭氧层，保护了气候和生态环境，保护了公众健康。在履约过程中，中国结合形势发展和自身实际，不断扩宽履约管理思路，创造了很多“第一”：第一个编制完成“国家方案”，第一个制定行业淘汰计划，第一个推行工业重组，第一个提前实现淘汰 CFCs 和哈龙目标。综上所述，履约活动带给中国的影响和促进是多方面的、深层次的，特别对中国的环境保护事业起到了巨大的推动作用。

5.1 实现了 ODS 淘汰目标，保护了臭氧层，减缓了气候变化

在履行《蒙特利尔议定书》的活动中，中国引进和借鉴了发达国家在环境保护方面的先进技术、管理政策、措施和管理手段，使得中国在履行国际环境公约的过程中改善了环境法律体系、提高了环境管理水平，促进了经济结构的改善，推动了环境科学技术的发展。与此同时，结合自身发展水平和特点，中国政府开发了履约行业机制新模式，采取可交易配额制度的 ODS 削减控制措施，建立了许可证制度的 ODS 进出口控制措施，创造了全面履约新机制。通过实现减少 ODS 排放的目标，中国实现了保护臭氧层和生态环境的目标；在完成履约目标的同时，保证了相关行业的正常发展，促进了替代技术的开发和应用，促进了环境保护事业的发展和公众环境意识的提高。中国的履约机制具有可持续性和可推广性，在实施淘汰 ODS 的过程中，不仅实现了履约目标，取得了显著成就，还建立和完善了一整套管理体系和制度，对中国的环境保护事业起到了巨大的推动作用。

5.1.1 实现了《蒙特利尔议定书》规定的淘汰目标

《蒙特利尔议定书》的关键控制目标就是受控用途 ODS 的生产和消费。作为最大的发展中国家，中国成功提前完成了第一代主要 ODS 生产和消费控制目标。

表 7 中国履行《议定书》控制第一代主要 ODS 时间表

	冻结 CFCs 生产量和消费量	完成 CFCs 和哈龙生产消费的淘汰	完成 TCA 生产消费的淘汰
《议定书》规定时间	1999 年 7 月 1 日	2010 年 1 月 1 日	2015 年 1 月 1 日
实际完成时间	1999 年 1 月 1 日	2007 年 7 月 1 日	2010 年 1 月 1 日

5.1.2 减少和避免了 ODS 排放，保护了臭氧层和生态环境

在国际社会的共同努力下，全球 ODS 排放量逐渐减少，臭氧层正在恢复。根据预测，到 21 世纪末，臭氧层有可能恢复到 1980 年的基线水平。中国的履约行动对此做出了重要贡献，一方面中国淘汰了存在的 ODS 生产和消费，另一方面避免了经济增长过程新增 ODS 消费。本研究计算得出，仅 2010 年，中国就避免了 CFCs、哈龙和 CTC 消费量分别达 29.2 万 t ODP、20.5 万 t ODP 和 4.3 万 t ODP，共计超过 54.1 万 t ODP，为保护臭氧层做出了极大贡献。此外，还淘汰和避免了大量 TCA、甲基溴等 ODS 的消费。

5.1.3 减少了温室气体排放，减缓了气候变化

逐步淘汰 ODS，使地球的气候在两方面受益。首先，由于大多数 ODS 同时也是温室气体，逐步淘汰这些物质也削减了温室气体的排放。事实上，IPCC 和《议定书》技术与经济评估组（TEAP）注意到全球 ODS 的净削减已经带来每年相当于百亿 t 二氧化碳当量的温室气体的削减。其次，在 ODS 淘汰转化的过程中，采取了更节能和密封性更好的措施，使生产的设备或产品更少泄漏，能效

提高。较少的泄漏降低了替代材料向环境的直接排放，更大的节能则需要更少的动力，从而也减少了化石燃料燃烧过程温室气体的排放。

按照本研究核算，相比没有《议定书》的情景，中国仅2010年一年就避免了超过54.1万t ODP耗损臭氧层当量物质的排放，扣除采用HCFCs的影响以及臭氧层变化对温室效应的影响，中国也避免了超过14.4亿t CO_2 当量物质温室气体的排放。此外，由于产品的节能效率提高，还带来额外的 CO_2 减排以及 SO_2、NO_x 等减排效益。

特别值得强调的是，在中国家用制冷行业的CFCs淘汰中，选择了碳氢技术作为家用冰箱、冰柜的制冷剂和箱体的发泡剂，不但没有使用具有温室气体效应的HFC-134a做制冷剂和需要二次淘汰的HCFC-141b做发泡剂，而且产品的节能效果更好，取得了更好的经济、社会和环境效益。

据中国家电协会统计，替代改造前，中国用CFCs作制冷剂的冰箱的能耗等级普遍为四级、五级；替代改造后，能耗等级普遍为一级、二级，节能水平提高30%以上，也就是说，在替代淘汰CFCs的同时，促进了产品的技术升级，实现了节能减排。

5.1.4 ODS淘汰取得了巨大的健康效益

据美国相关机构统计，到2015年之前，通过保护和恢复臭氧层的行动，仅在美国就可以防止630万例皮肤癌死亡，并产生42 000亿美元的社会保健效益。

对中国白内障发病率进行调查活动证明，不同地区紫外线辐射差异大，比如调查到青海省的年龄相关性白内障患病率是北京的一倍，证实了由于紫外线辐射的差异而导致白内障发病率不同，由此可推断，在中国，保护臭氧层可以避免大量白内障发生，带来高健康效益。

5.2 创造了履约管理机制，建立了履约队伍

中国政府于1993年批准《中国逐步淘汰消耗臭氧层物质国家方案》（简称《国家方案》），这是发展中国家第一个《国家方案》。依据该方案，中国建立了政府协调机制，广泛开展了淘汰工作。此《国家方案》作为范本，先后被翻译成6种文字介绍到其他国家，对全球发展中国家淘汰方案的制定起到了引领作用。《国家方案》是中国环境领域第一个国家履约机制，其对履约机构的设立、职责、履约目标、政策、措施及公共宣传等各方面都做出了详尽规定。这一机制对中国完成其他环境保护目标起到了示范作用，推动了中国在履行国际环境公约方面的行动。1995年，基于《国家方案》制定了行业战略，落实了《国家方案》行动计划。

为完成一项环保任务而建立起跨部门的领导机构，这在中国还是第一次。而机构的高效运行，对今后的工作有很强的借鉴作用。履约机构的设置与安排包括：国家保护臭氧层领导小组、保护臭氧层多边基金项目管理办公室、负责有关行业计划和伞形项目实施的各行业特别工作组；各行业部门、地方环境保护局、地方行业主管部门以及行业协会等也都积极参与了履约工作。这一具有创新性的机制，充分调动和凝聚了国家相关各方的力量。

国家保护臭氧层领导小组由环境保护部（原国家环保局、环保总局）任组长单位，成员包括外交部、发展和改革委员会（原计划委员会、原经济贸易委员会）、科学技术部、公安部、财政部、信息产业部、农业部、商务部和海关总署等部门。领导小组负责审议国家ODS管理和控制的方针和政策，协调国家ODS管理和履约重大事项。臭氧层保护领导小组下设项目办公室（设在环保部），具

体负责履约的日常事务，负责组织制定保护臭氧层政策法规和管理制度、受控物质生产和消费量的统计、多边基金项目的调研、准备、申报以及对项目实施及验收的监督，组织宣传、培训及信息交换等工作。各部委和有关行业机构根据保护臭氧层工作的职责分工，协调和指导本部门的履约工作。按照《维也纳公约》和《蒙特利尔议定书》的要求，环保部作为国家联络点负责中国与公约其他缔约方和臭氧秘书处及多边基金秘书处的联络。

此外，跨部门的行业特别工作组对具体的 ODS 淘汰计划和项目进行管理和实施，比如哈龙、CFCs、清洗、烟草特别工作组等。地方环保局负责贯彻执行国家有关保护臭氧层的政策法规，调查本地区的 ODS 生产和使用情况、规划和指导本地区的臭氧层保护工作，帮助企业安排实施淘汰 ODS 项目的立项，落实项目配套资金，监督多边基金项目的实施和运行。

现有的控制 ODS 的管理体系历经 20 多年的发展，建立了从部门、协会、企业、专家、公众到国际机构参与的机制，培养了大批人才，具备了高效、有序、协作、互助的良好基础。建立了具有丰富经验的履约队伍，熟悉和掌握国际规则，善于发挥中国优势，维护国家利益，促进全球环保行动的开展，大幅提高了从中央到地方以及行业的履约能力。

5.3 将公约要求纳入了法律法规，成功示范可交易配额制度

围绕执行《国家方案》和履行《蒙特利尔议定书》，中国建立了完整的政策体系，发布实施了 30 多项法规和政策，探索了法规及政策建设在环境保护中的作用和实效。2000 年修订颁布的《大气污染防治法》首次包含两个与保护臭氧层相关的条款；2010 年

国务院颁布了《消耗臭氧层物质管理条例》，进一步规范和细化了淘汰 ODS 的目标、义务和责任。纵观中国控制 ODS 的政策体系，可以看到其充分体现了“生命周期管理”的政策思路，从受控物质的生产、进出口、消费到回收处置，都作出了相关的规定。《大气污染防治法》强调了对 ODS 生产和进出口的控制；《消耗臭氧层物质管理条例》明确了目标、义务和责任，特别是对违规行为作出了处罚的规定；而《关于禁止新建、改建、扩建生产和消费 ODS 设施的通知》，则从源头上控制了 ODS 生产能力和消费能力的增长。通过执行这些法规和政策，中国已成功控制了 ODS 生产和消费的增长，ODS 淘汰目标顺利达成。

政策体系是行业机制的重要组成部分，在履约资金和替代技术都不充分的条件下，政策体系发挥了重要作用。在履行《蒙特利尔议定书》的过程中，中国政府制定和实施了一系列政策法规并收到了预期的效果。经验表明，为完成 ODS 淘汰目标和战略，中国需要制定和执行有效的政策和法规，实现对 ODS 生产、消费和销售的管理，通过政策调节的激励和强制手段影响消费者和企业的消费行为。

5.3.1 颁布实施《消耗臭氧层物质管理条例》

2010 年，国务院颁布了《消耗臭氧层物质管理条例》（简称《条例》），进一步规范和细化了淘汰 ODS 的目标、义务和责任。中国正处于经济社会转型时期，通过立法减少并逐步淘汰 ODS 的大量使用具有重要意义：一是有利于更好地履行国际义务。中国目前生产和使用的 ODS 总量仍然很大，要巩固现有淘汰成果并完成《议定书》规定的下一步淘汰目标，任务依然艰巨。为此，需要总结管理经验，完善管理制度，规范生产、销售、使用和进出口等行为，把淘汰工作纳入法制化轨道。二是有利于调整、优化产业结构。发达国家率先淘汰 ODS 后，纷纷禁止进口含 ODS 的产品。中国相关行业要想占领国际市场，就必须进行替代改造。从淘汰 ODS 的实践情况来看，这一过程有力地促进了中国相关产业结构的调整、优化，提高了产品的国际竞争力。三是有利于节约能源和减少温室气体排放。ODS 大都是重要的温室气体，淘汰 ODS 也就大大减少了温室气体的排放。

《条例》明确了中国管理 ODS 的目标和任务，规定国家逐步削减并最终淘汰作为制冷剂、发泡剂、灭火剂、溶剂、清洗剂、加工助剂、杀虫剂、气雾剂、膨胀剂等用途的 ODS，并规定国务院环境保护主管部门会同国务院有关部门拟订《中国逐步淘汰消耗臭氧层物质国家方案》，报国务院批准后实施。

《条例》建立了 ODS 总量控制制度，规定由国务院环境保护主管部门根据《国家方案》和 ODS 淘汰进展情况，商国务院有关部门确定国家 ODS 的年度生产、使用和进出口配额总量。国家 ODS 的年度生产、使用和进出口配额总量确定后，需要将配额分配给各生产、使用和进出口单位。为此，《条例》建立了 ODS 配额管理制度，规定生产、使用单位应当依照本《条例》的规定向国务院环境保护主管部门申请领取配额许可证（部分少量使用的情形除外）；进出口单位应当依照本《条例》的规定向国家 ODS 进出口管理机构申请进出口配额，领取进出口审批单。

为了有效打击违法生产、使用、进出口 ODS 的行为，《条例》规定由监督检查机关进行监督检查，其有权进行调查取证；要求被检查单位提供有关资料、做出说明，并可以扣押、查封违法生产、销售、使用、进出口的 ODS 及其生产设备、设施、原料及产品。对在 ODS 生产、使用和进出口等活动中可能发生的各种违法行为，规定了罚款、没收违法物品、拆除违法设备设施、没收违法所得、核减配额数量直至吊销配额许可证等严格的法律责任。

5.3.2 成功创立和实践了两证制度

在履行《蒙特利尔议定书》过程中，首次在环境保护领域使用了《生产配额许可证制度》和《进出口许可证制度》，这是一个有益的尝试并取得了很好的实践效果。《生产配额许可证制度》是对在生产的ODS生产企业颁发生产许可证，并颁发生产配额；企业的生产量不能超过配额，配额可交易，但只可出售给其他持有生产许可证的企业；总的生产配额基于淘汰目标逐年减少。这一制度的实施，有效地减少了执行淘汰计划的不确定性，对优先停止生产的企业也是一种鼓励。

《进出口许可证制度》是由原国家环保总局、原国家经贸委和国家海关总署在1999年12月联合发布的《关于消耗臭氧层物质进出口管理办法的通知》中确定的。《通知》于2000年4月起生效，要求所有ODS进出口活动必须登记。结合生产配额制度，ODS进出口管理有效地控制了中国的ODS供应和需求。这两个制度不仅为保障中国安全履约起到重要作用，也为中国控制其他化学品的环境风险提供了经验。

《生产配额许可证制度》从源头上控制了ODS的供应，严格的配额制度使得企业的生产量是严格确定和可控的，保证了在国家水平上不会出现超计划生产。在控制生产的前提下，也易于对ODS的进出口进行管理。一方面《进出口许可证制度》对合法的进出口贸易进行严格的登记和审核，另一方面生产的控制对ODS非法贸易起到了釜底抽薪的作用。由于中国是主要的ODS产品出口国，中国对ODS的控制对国际社会其他国家和地区的ODS淘汰也是一个巨大的贡献。

此外，在一些重点行业，为控制CFCs的消费还专门颁布了《氟里昂消费配额管理办法》，对相关行业CFCs的消费实行配额管理，并建立起行之有效的监督和实施系统，如确保淘汰计划执行的管理信息系统。CFCs 消费的配额制度对于削减并最终全面淘汰 CFCs 的消费起到了关键作用。相关行业部门和国家环保部（原环保总局）依据行业计划制定的淘汰计划，确定该行业年度 CFCs 消费配额总量和各企业的消费配额（即最高年消费许可量）。

消费配额制度的实施包括如下步骤：建立配额基数、颁布配额制度、配额申请、配额发放、消费监督和实际消费核实等。配额制度的实施严格控制了 CFCs 的消费，在 ODS 淘汰过程中，为实现逐步控制并最终完全淘汰，并保证行业的正常发展和资金的有效利用，ODS 可交易配额制度发挥了重要作用。消费配额制度作为一些行业 CFCs 淘汰计划中的主要手段，是确保行业顺利完成淘汰目标的主要措施，它使得淘汰活动所达到的目标更具可操作性和可控性，保证了淘汰目标的实现。

总而言之，对 ODS 消费实施配额制度的优势在于：一是目标明确，既保证了在较长时期内实现 CFCs 消费的控制目标，达到 CFCs 淘汰目的，又保证了一定时期内相关行业对 CFCs 的消费需求，从而保障了对相关产品的生产需求；第二，相关行业管理部门联合环保部，通过最低程度的行政参与实现了消费控制目标，有利于降低管理成本；第三，通过逐渐减少配额，促使企业尽早采用替代技术，早日拆除 CFCs 消费设备，促进 CFCs 的彻底淘汰。这一制度的成功实施保证和促进了相关行业整体提前淘汰 CFCs 消费。

5.3.3 建立了完善的监督和审计机制

中国对 ODS 的淘汰实施了从生产到排放的全过程控制，在这一过程中建立了完善的监督和审计机制。进行监督和审计的 ODS 物流环节包括：原料生产和购进、生产、销售、消费、进口和出口、储存、回收或销毁。中国对 ODS 淘汰的监督管理制度主要包括：数据申报制度、报告与核查制度、管理信息系统、现场审计制度以及执法监督手段和评估体系等。此外，为保障生产配额许可制度的实施，环保部还建立了监督员制度，专门指派驻厂监督员现场监督CTC/CFC 生产企业的生产活动。

这些制度的建立保障了国家确定的ODS淘汰目标的顺利实现，制度的执行为进行环境保护检查监督进行了探索，积累了经验，完善了我国的环境保护监督和审计制度。

5.3.4 为中国氢氟碳化物（HFCs）控制建立了有效的管理体系

现有控制 ODS 的政策管理体系是较适合控制管理 HFCs 的体系，具体体现为：①绝大部分生产和消费 CFCs、HCFCs 的企业，也是生产和消费 HFCs 的企业，政策管理对象基本一致；② HFCs 与 CFCs、HCFCs 所涉及的产品技术、标准相近，管理机构、专业知识及专家队伍绝大部分是相同的；③从 CFCs、HCFCs 到 HFCs 的管控，所产生的问题均是全球环境问题，而且可以继续坚持“共同但有区别的责任”原则，可以采用相同的资金机制和技术转让机制；④现有的控制 ODS 的政策管理体系历经 20 余年的发展，建立了从部门、协会、企业、专家、公众到国际机构参与的机制，培养了大批人才，具备了良好的基础，有条件在短时间启动对 HFCs 等含氟温室气体的管控。因此，尽快确定现有控制 ODS 的管理体系对管理控制 HFCs 等含氟温室气体的地位和职责，对中国在国际谈判中争取主导地位，保护国家利益，尽早制定国家战略和政策，顺利开展控制含氟温室气体排放的活动是十分重要的、紧迫的。

5.4 成功实践“共同但有区别的责任”原则，借助国际资金和技术推动技术进步

正是在《蒙特利尔议定书》多边基金的支持下，中国诸多企业获得资金支持开展了 ODS 淘汰替代工作，并借助淘汰替代过程推动了技术的更新换代。

5.4.1 促进了在环境保护领域外资的引进和使用

从 20 世纪 80 年代初至今，中国环境污染治理资金的总量一直呈现稳定的上升趋势，尤其是 90 年代末期，环保投资总量有了较大幅度的增加。但由于环境形势不断恶化，环保投资的压力也日益增长，20 世纪 90 年代以来，国家财政作为环保投资的唯一来源已明显力不从心，资金问题普遍成为环境治理的主要瓶颈。环保资金需求量的强劲增长，要求中国必须寻求新的筹资渠道以扩大环保投资的力度。利用国际环境公约，增加外资投入和引进先进技术是加快中国环保事业发展的重要手段。在《蒙特利尔议定书》多边基金支持下，中国迄今已获批赠款 10 亿美元，是获得多边基金资助总额最多的国家。

随着多边基金资金的使用，一方面中国不断增加配套资金，不断加大在环保领域的投入；另一方面，通过多边基金的使用，相关行业、企业熟悉了外资的使用规则，并不断从其他渠道引进资金。据统计，到 2010 年，我国用于环保项目的引进外资贷款每年计百亿美元。

5.4.2 促进了先进技术的引进和吸收

环保事业的发展迫切需要科学技术和装备的支持。中国是世界上人口最多的国家，人均资源占有量少，经济发展和科技水平普遍

偏低。特别是环保产业，到20世纪80年代末期还处于起步阶段。虽然自改革开放以来，中国政府一直努力推进科学技术的发展，但国家总体水平仍与发达国家仍相距甚远。一些关键性的环保技术如节能降耗、清洁生产、脱硫、黑液处理、机动车尾气净化、污水集中处理等重要技术、设备都掌握在发达国家手中。

利用《蒙特利尔议定书》增加外资投入和引进先进技术，是加快中国环保事业发展的重要手段。在《议定书》多边基金支持下，中国利用所获资金引进先进技术和设备，进行ODS淘汰改造。在淘汰ODS的同时，采用新的设备和工艺技术，这些资金为中国相关行业技术改造和追赶世界先进水平作出了重要贡献。在家电行业，除外企外，中国全部电冰箱企业均获得了多边基金资助，企业进行设备改造，提高了产品的能效标准，并采用了气候友好的碳氢技术，不但节能，且生产能力和产品标准也不断提高，中国成为全球最大的电冰箱生产国和出口国。家电产品与国际接轨，促进了行业的绿色转型、可持续发展和产业结构的调整。

5.4.3 促进了行业规范和技术进步

在引进新的技术和技术创新过程中，为了推进新技术的普及，淘汰落后工艺和产品，需要对过去的一些相关技术标准和规范进行修订，并且建立一些新的标准和规范，如制冷剂的标准、回收设备的标准等，以保证相关的政策和法规能够顺利实施。由于ODS替代技术十分复杂，包括设备更新和工艺改进，需要重新评估产品质量和产品安全，通过技术标准和规范的更新，不但促进了替代技术的使用，而且最终提高了产品的质量。相关的技术标准主要包括：使用替代品与替代技术的安全标准；替代品认证，防止不合格的替代品进入市场；对非ODS产品的质量标准；替代技术的工艺标准。

5.4.4 促进了产业结构调整和企业管理水平的提高

在淘汰 ODS、实施各行业计划的进程中，不同行业根据自身特点对行业结构做出了调整，促进了产品升级或转型。一些行业采取关厂补偿的方式关闭部分生产工艺落后、管理水平低的中小企业；一些行业采用企业重组的方式对产业重新布局。通过执行行业计划，各行业的生产能力向管理水平高的大企业集中，企业数量减少，生产效率提高，企业的管理水平和产品质量也上升到新的水平，并使产品成功走向国际市场，提高了产品的国际竞争力。

5.4.5 推动了替代品和替代技术能力建设

中国的履约实践表明，替代品的质量、价格，以及替代品生产技术的可获得性是决定 ODS 淘汰是否顺利的关键因素。只有解决了替代品的问题，才能从根本上保证淘汰的顺利进行。因此，中国大力加强替代品生产能力建设，刺激替代品市场供应，建立了替代品供应体系。

为满足由于 ODS 淘汰而带来的对替代品的需求，中国政府和企业作出了巨大努力，组织了替代品的研究开发，组建了 ODS 替代品生产研发中心，建立了替代品生产产业园，投资开发和生产替代品。2001 年，中国政府制定了《中国 ODS 替代品发展战略》，提出了未来主要 ODS 替代品的建设方向和规划。

中国开发和生产 ODS 替代品的原则是：①以《国家方案》规定的淘汰目标为基础，以 ODS 淘汰和替代品同步发展为目标，在满足国内履约需求的同时，争取扩大出口；②面向国内和国际两个市场，对中国计划发展的替代品及生产技术进行综合评估，确定 ODS 替代品技术开发的基本策略。明确优先发展的替代品，既要发展用于消防、清洗、发泡、制冷的化学替代品，又要发展替代设备和技术；③研究制定有助于刺激和促进 ODS 替代品生产发展的相关政策、法规和措施等草案，建立完善的替代品生产政策体系；④建立高效的替代品管理体系。考虑到技术的不断发展和执委会认定的替代品标准，对替代品的质量性能、技术标准、安全性指标、环境保护指标和市场准入制度作出切实的规定。用标准指导投资，规范市场，指导行业发展。建立严格的替代品认证制度；⑤建立完善的信息系统，及时全面地反映国内外替代品发展动态；⑥建立资金投入保障机制，为替代品生产的发展提供资金保证。

随着 ODS 生产和消费的大量淘汰，市场对 ODS 替代品的需求无论是在数量还是在质量方面都有更高的要求。面对 ODS 替代品需求以及未来环境保护的挑战，尤其是全球气候变化带来的新问题，认真研究当前国际和国内替代品发展的形势和现状，充分了解 ODS 替代品的发展方向，全面认识替代品问题在生态环境和经济方面对国民经济发展和国际经济地位的影响是非常重要的。在中国制订的相关行业整体淘汰 ODS 计划中，也特别强调中国要尽可能有效地使用多边基金支持替代品的生产，这对于发展中国替代品生产的新型企业提供了有利的条件，具有有效的推动作用。

经过长期的发展，中国的企业界、科技界已具备了替代品技术开发与生产能力。目前中国在某些替代品生产方面已具有了相当的产量和规模，自行开发研制成功了若干种重要替代品的生产技术和工艺，为建设现代化的替代品生产行业奠定了坚实的基础。

为鼓励替代品的生产和使用，规范企业的行为，中国政府还发布了《ODS 替代品名录》，为扩大替代品市场发挥了作用。

履约经验告诉我们，要继续坚持 ODS 生产、消费淘汰和替代品生产“三同步”的原则，推动中国化工和相关行业向清洁、高效方向发展，以建设一个现代化的，具有国际竞争能力的，以高新技术为依托的替代品生产行业为目标。

5.5 促进国际合作，提高了中国在国际社会的地位

作为最大的发展中国家，中国的履约一直受到国际社会的关注。中国通过参加国际环境公约，向全世界展现了中国在环境和生态保护、污染防治、提高人民生活水平和改善生存环境方面取得的重大成果。在学习其他国家先进经验、促进自身发展的同时，中国也与广大发展中国家分享了中国环境保护方面的经验。中国的成功履约得到了国际社会的赞赏，扩大了国际影响，塑造了良好的国际形象和威望。

5.5.1 体现了负责任的大国形象

中国积极履行公约义务，经过艰苦努力，完成了第一个发展中国家的淘汰 ODS《国家方案》；中国率先采用行业机制的方式淘汰 ODS，并在 2008 年奥运会之前，比《蒙特利尔议定书》规定的时间提前两年半完成了 CFCs 和哈龙的淘汰。中国完成了所有发展中国家近 60% 的淘汰量。2004 年，中国又率先研究了 HCFCs 的淘汰战略，在 2007 年 HCFCs 加速淘汰调整案通过之时，缔约方大会主办国加拿大环保评价中国“在《议定书》加速淘汰 HCFCs 谈判中起到领导作用”。

中国负责任的行动，在国际上树立了良好的形象，赢得了国际社会的好评和信任。

5.5.2 坚定地维护了发展中国家的权益

在国际交流与谈判中，中国坚定地和广大发展中国家一道维护发展中国家的权益。中国以历史事实为依据，坚持“共同但有区别的责任”这一原则，既勇于承担中国应该承担的责任，又积极争取发达国家对发展中国家应予的技术和资金支持。中国的行动得到了

广大发展中国家的肯定和支持。

5.5.3 在国际大家庭中广交朋友，提高了国家地位和话语权

中国政府通过积极参与缔约方大会等各级别会议，积极与各缔约方代表交流，深入了解他国的意图、主张，宣传中国的主张和要求，谋求相互理解和支持。通过积极努力，使我们的诉求获得理解和支持，不但显示了中国解决问题的诚意，也争取到了话语权和影响力。

《蒙特利尔议定书》的经验极大地提升了各国处理环境问题的能力，并形成了一种宝贵的认知，即我们共同努力就能保护全球环境。

5.5.4 成功举办了缔约方大会，推动制定了《议定书》北京修正案

为促进国际履约活动的进展，展示中国政府对履行《蒙特利尔议定书》的坚定决心，中国政府于 1999 年在北京成功举办了《议定书》缔约方大会，并在该次会议上签署了《议定书》北京修正案，将保护臭氧层的活动推进到了新的阶段。缔约方大会的成功举办，展示了中国在国际社会的良好形象，进一步提高了中国的国际地位。

5.5.5 在国际履约过程中为国家争得了荣誉

在履行《蒙特利尔议定书》的过程中，中国政府和履约团队卓越而富有成效的工作得到了国际社会的认可和赞扬，先后获得了联合国环境规划署颁发的“杰出国家臭氧保护机构奖”“臭氧层保护杰出贡献奖”和“《蒙特利尔议定书》优秀实施奖”等奖项，为国家争得了荣誉。

5.6 促进了地方政府保护臭氧层能力建设和提高公众环保意识

5.6.1 创建 12 个臭氧层友好省市

2005 年 9 月 16 日，为纪念《保护臭氧层的维也纳公约》缔结 20 周年，国家环保部（原环保总局）、联合国开发计划署、联合国环境规划署在深圳市组织召开了“国际保护臭氧层日”纪念大会。吉林省、山东省、海南省、武汉市、西安市、深圳市、苏州市、常州市、南通市、宿迁市、泰州市、镇江市、廊坊市等省市在会上发出了保护臭氧层、加速淘汰消耗臭氧层物质的倡议。

按照《蒙特利尔议定书》要求，中国应从 2010 年 1 月 1 日开始完全停止 CFCs 和哈龙两大类主要 ODS 的生产和使用。为了表示中国保护臭氧层的决心，中国政府毅然决定加速 CFCs 和哈龙的淘汰，将这一日期提前到 2007 年 7 月 1 日。十二省市在倡议书中坚决支持中国政府的决定，并承诺：“为了保护臭氧层、实现中国政府对国际社会的庄严承诺，我们应积极行动起来，打一场 CFCs 和哈龙的歼灭战。作为全国整体行动的先锋，我们几个省市决定于 2006 年 7 月 1 日前，率先在本省（市）淘汰 CFCs 和哈龙。为此，我们自愿采取行动并倡议全国兄弟省市加入到这个行动中来。”倡议书中的倡议行动包括：逐步制定完善有关 ODS 生产、销售和使用的政策及法规；建立执法监督体系，严厉打击 ODS 非法生产、非法消费和非法贸易的行为；积极倡导群众监督，建立举报热线；在建设项目中不使用 CFCs 及含 CFCs 的产品；政府不采购含 CFCs 的产品或在生产过程中使用了 CFCs 的产品；在消防场所不再新配置哈龙灭火器和哈龙灭火系统；尽快建立使用 CFCs 的在用设备的维修、报废，以及制冷剂的回收、处置等制度；鼓励 ODS 替代品的生产；加强宣传，提高公众保护臭氧层意识。

另外，还倡议广大消费者不购买含 CFCs 的产品；到有制冷剂回收设备的地点维修、报废含 CFCs 的在用设备；维修使用 CFCs 替代品的设备时，绝不重新回头使用 CFCs 制冷剂。同时，要求和鼓励企业不生产、销售和使用含 CFCs 和哈龙的产品；技术和经济可行的情况下，将使用 CFCs 制冷剂的大型在用设备改造为使用替代品；积极研发 ODS 替代品和替代技术。

随后，十二省市政府先后发布《关于淘汰消耗臭氧层物质的通告》，要求加快消耗臭氧层物质的淘汰。在启动创建臭氧层友好城市的工作后，经过将近一年的行动，十二省市先后完成了生产、流通和消费领域氟利昂、哈龙等消耗臭氧层物质的淘汰工作，达到了创建臭氧层友好城市各项指标和标准，为保护臭氧层作出了突出的贡献，所取得的成绩和经验为其他地区、城市提供了借鉴。

5.6.2 在 36 个省市完成了能力建设项目

利用多边基金的资金，国家环保部与 36 个省市签署了《加强地方消耗臭氧层物质淘汰能力建设项目》协议书，并发布了项目验收办法。各省市结合本地区实际情况，扎实稳妥地开展各项工作并取得了显著成效，实现了项目工作目标。各地通过组建 ODS 淘汰领导小组，初步建立了自上而下、较为完善的 ODS 淘汰管理机制；通过细致全面的调研，掌握了辖区内 ODS 生产和消费的有关数据；开展了多样而有效的宣传和培训工作，提高了 ODS 用户的保护臭氧层意识和工作队伍的专业素质，初步建立起 ODS 淘汰执法监督的长效机制，为后续淘汰工作奠定了基础。

通过实施能力建设项目，很多省市的臭氧层保护工作，实现了保护意识从无到有，执法能力由弱到强的巨大转变。地方环保厅（局）会同行业协会的工作人员对辖区的服装、机械、化工、医药、纺织、轻工、冶金、建材、消防、泡沫、家用制冷、工商制冷、烟草、汽车空调、甲基溴、清洗、气雾剂等行业的 ODS 使用情况进行了全面的调研，建立了 ODS 生产和使用数据库，为执法检查工作的顺利开展奠定了良好基础。地方政府着重加大执法检查力度和宣传力度，重点对《消耗臭氧层物质管理条例》进行宣传和培训，提高了企业主动淘汰的意识，加速了淘汰 ODS 的步伐，逐步形成了臭氧层保护工作的格局，建立了政府各部门“各司其职、各负其责、齐抓共管”的长效管理机制。

环保部对各省市进行了项目检查验收，通过座谈交流和实地考察，了解《消耗臭氧层物质管理条例》的贯彻落实情况、ODS 替代产品的应用效果，以及 ODS 回收和处置情况。能力建设项目为地方管理机构的环境保护能力提高作出了贡献，更使成千上万的公众通过各种媒体学习到了保护臭氧层的知识。

5.6.3 促进了公众环保意识的提高

在 ODS 淘汰过程中，中国政府进行了最广泛的宣传动员工作，“无氟”的概念深入人心，虽然它的含义不尽准确，但人人知道使用“无氟”冰箱就是保护环境，保护地球，反映了臭氧层保护的理念已成功被公众接受。

宣传教育与培训，提高了决策者、管理者、企业和公众的臭氧层保护意识，同时也是动员公众和企业参与 ODS 淘汰的重要手段，中国政府在这方面进行了大量细致的工作。通过教育、培训和其他手段提高公众、企业、政府人员的意识；使相关信息及时传达到政策对象，改善消费行为；加深对政策的理解，提高执行政策的能力；提高公众意识，加强社会监督能力，并通过最终消费者的行为减少对 ODS 及其制品的需求。

相关部门采取了多种形式，全方位宣传 ODS 淘汰工作的意义、重要性、要求等，适时发布相关信息，推动工作开展。主要的宣传形式有：新闻媒体、互联网、会议宣传、散发资料、倡导示范等。宣传工作充分体现了针对性强、全方位覆盖、多层次和形式不拘一格的特点。通过宣传活动，增加了人们对于臭氧层保护工作意义的认识，减少了工作阻力，推动了加速淘汰的进程，也激发了工作人员的工作热情。

加强培训，奠定工作基础。培训工作包括对政府管理部门工作人员、执法人员、企业环保负责人和工作人员等的培训。培训方式包括集训，培训班、会议、座谈以及在线学习等方式。培训内容包括：臭氧层知识、法律法规、管理执法、国际履约等各方面内容。通过持续的培训，相关部门人员的知识水平和工作能力明显提高，培训取得了令人满意的效果。各政府和企业工作人员通过培训，掌握了淘汰工作的相关知识和技术，保证了淘汰工作的顺利完成。

在履约活动中，加强履约能力建设对中国今后解决全球环境问题、促进国际间合作将发挥重要的作用。从中央到地方政府，从行业协会到非政府组织，通过能力建设活动组织的宣传、培训等活动，加深对履约活动的了解，对日常生活与履约活动关系的理解，增强履约活动的自觉性。没有哪项专题环保活动像保护臭氧层活动这样最广泛地动员了公众，进行了最广泛、规模最大的宣传活动，得到了公众广泛的理解和支持。

5.6.4 建立了在线培训系统，普及了保护臭氧层知识

在推进 ODS 淘汰中，保护臭氧层知识培训活动的开展发挥了重要作用。为推动 ODS 淘汰的顺利实施，提高管理人员、企业员工保护臭氧层的意识和参与淘汰活动的自觉性，在国家臭氧层保护领导小组的领导下，在联合国环境署等国际组织的支持下，ODS 淘汰活动项目办公室（PMO）组织开展了一系列培训教育活动，为

淘汰工作提供了重要的支持和保障。培训活动提高了相关领导部门的官员、企业管理人员和技术人员对淘汰 ODS 重要性的认识和管理能力，提高了其对替代技术的认知水平。

为普及臭氧层保护知识，提高培训效果，降低培训成本，PMO 组织开发了中国臭氧层政策地方培训战略在线培训信息系统，以确保中国臭氧层政策培训的有效实施。以“中国保护臭氧层行动”网站作为运行网络平台，开辟了在线培训系统，使培训对象能够通过网络实施统一的授课和学习，还可进行网上辅导及讨论、自我测验、远程考试等远程培训活动。培训内容包括：普及和宣传臭氧层知识、政策法规、管理执法、国际履约、替代技术应用和管理介绍等。通过网络等先进高效的媒体和手段，汇总已有的政策资料和项目执行情况，及时公布项目进展和最新替代品信息，通过开展形式多样的在线培训活动，使地方环保部门、行业协会、相关企业及公众更便捷地学习和掌握有关 ODS 淘汰的知识和政策。通过培训，各相关部门和人员知识水平和工作能力明显提高，培训取得的效果令人满意。

6 成功履约的经验及后续工作的建议

6.1 经验

中国淘汰消耗臭氧层物质（ODS）、保护臭氧层的活动取得了巨大成就和显著的环境效益。回顾中国履约实践取得的成功，最重要的保证就是中国政府对履约活动的科学规划和严密组织。在淘汰活动中，首先进行了深入的调查研究，掌握相关行业的信息，而后从实际出发，既保证相关行业的发展，又确保淘汰目标的顺利实现，制定科学的规划。在淘汰活动的实施过程中，始终遵循严格、严谨的原则执行淘汰计划，同时建立了强有力的履约机构，不断加强履约能力建设。通过建立科学有效的执行机制，在淘汰 ODS 的同时，开发和推广替代技术和产品，积极开展技术援助，加大对公众的宣传力度，使淘汰工作得到社会的普遍理解和支持。在评估中国履约工作基础上，下述经验值得归纳和借鉴。

6.1.1 创立并坚持“共同但有区别的责任”的原则

中国之所以能够成功地履行了《蒙特利尔议定书》，基石是因为《议定书》较好地体现并实践了“共同但有区别的责任”原则，使得中国等广大发展中国家能够积极地参与到履约活动中去。正是在这个厚实的土壤上，《蒙特利尔议定书》形成了一个科学的、不断自我完善的体系，一个清晰、明确和具有灵活性的履约法律框架，使得各缔约方履约工作能够统一和协调起来，不断克服困难，解决存在的问题，从而使履约工作深入持久地开展下去。在履约过程中，中国承担起了相应的责任，中国企业也为保护全球环境承受了巨大的牺牲。在这一原则下，中国通过积极努力，维护了发展中国家和自身的权益，并以负责任的态度，精心组织，周密计划，认真实施，严格管理，如期完成了履约目标。

6.1.2 制定可行的《国家方案》、行业战略和政策措施

按照缔约方大会的要求，中国政府在履约初期即 1993 年制定并通过了履行议定书的《国家方案》。这个方案明确了中国的 ODS 淘汰目标、管理体制、相关政策、各方责任和义务；明确了生产和消费同步淘汰，替代品同步发展，政府法规建设与淘汰活动同步配合的“四同步”工作指导方针。在这个方针指导下，不断推进各个领域的工作进展，生产和消费达到较好的平衡，法律法规基本完善，替代品得到较大发展，不仅为实现履约目标提供了保障，也为将来的可持续履约奠定了基础。

为了在各相关行业顺利实施《国家方案》，1995 年 6 月，中国政府组织制定了 8 个行业的《中国逐步淘汰消耗臭氧层物质行业战略》，各个相关行业全面预测了 ODS 生产和消费的变化趋势，根据各个行业的具体情况，分析了可能的淘汰技术路线，估算了相应的淘汰费用，初步提出了配套政策法规措施，明确了淘汰战略。

在淘汰活动中，中国政府发布实施了一系列有关保护臭氧层的政策，着眼于社会、经济和制度的变化，政策制定和实施中的影响因素，不断更新和完善政策体系。保护臭氧层政策体系在行业发展规划和计划中，体现了淘汰 ODS 的要求。基于此，许多 ODS 生产和消费行业在制定和实施有关的行业发展规划和计划时，把保护臭

氧层和淘汰ODS的要求纳入其中，在投资方向上予以限制和引导，一方面配合多边基金资助项目的实施，限制对受控物质的生产和消费，另一方面积极鼓励对替代品和替代技术的开发、生产和应用，通过产品质量管理、各种规范的制定，促进替代品生产和替代过程的顺利进行。

淘汰ODS已纳入到环境管理政策体系。充分利用现有的环境管理体系，以政府文件和政策的形式，把保护臭氧层、淘汰ODS纳入到环境管理的日常工作中。通过政策文件，明确部门的职责和职能，规范和强化ODS淘汰行动的监督管理制度，加大政策执行力度。中国政府颁布了一系列控制ODS新增生产和消费能力的政策，控制了新增ODS生产和消费。通过引导消费，达到控制ODS生产和消费的目的。

政策和制度的制定与实施，加强了对淘汰工作的管理并促进了企业有效地进行ODS淘汰。实践表明，加强国内政策、法规的建立和实施，通过适当的政策调节、刺激或强制手段，来影响企业和消费者的行为，才能保证ODS淘汰目标和战略的顺利实现。

6.1.3 建立有效的履约机制，不断加强履约能力

为了保证履约目标的实现，中国政府建立了强有力的领导机构和执行机构，不断加强履约能力建设。在国家保护臭氧层领导小组的领导下，国家环境保护部和相关部门相互协助，履约办公室(PMO)和各个淘汰ODS特别工作组在淘汰行动中发挥了重要作用。这些特别工作组具体负责淘汰工作的实施，包括计划书的编制、淘汰活动的整体安排和部署、培训、配额管理等，从管理的角度保证了行业计划的实施。履约办公室还组织开展了大量的培训工作，为相关部门、行业、管理机构、相关企业的人员提供技术培训，增强了国家整体的履约能力。

6.1.4 创立的行业机制在淘汰活动中发挥了重要作用

中国建立的行业整体淘汰机制是全球 ODS 淘汰机制的一大创新，加快了淘汰项目的实施速度。在保证实现淘汰目标的前提下，这一机制有效地发挥了多边基金的作用，提高了资金利用效率，也有利于国家水平 ODS 淘汰进展的整体监控。该机制在行业水平上监控 ODS 的生产和消费，使淘汰行动实现了费用有效的原则；政策措施的制定和实施，保证了淘汰目标的实现；完善的监督管理制度，使得相关政策能够达到预期效果。

同时，行业机制对保证相关行业的发展和创新起到了非常大的促进作用。履约促进了行业的机构调整、产品创新；促进了新技术的吸收引进；引领了行业的技术方向。在行业机制中，建立了 CFCs 生产、消费配额制度和严格的拆除 CFCs 生产、消费设备的工作流程和技术规范，保证了淘汰目标的顺利完成。

6.1.5 充分发挥相关部门及行业协会的作用

切实加强对保护臭氧层工作的领导和指导，推动部门间协调与合作是中国臭氧层保护工作的组织保障。依托现有环境和行业管理监督机制，强化监督和管理，为臭氧层保护工作提供了有效的管理途径。

中国政府在实施《国家方案》、开展保护臭氧层工作中，自上而下建立起了保护臭氧层的管理监督机构。该管理体制充分利用了现有行政管理框架和各部门的管理职能，便于将 ODS 的生产和消费淘汰工作纳入到环境保护和有关行业部门的日常监督管理中，突出强调了各级环境保护部门在不同层面上对 ODS 淘汰行动的监督管理。同时，随着《国家方案》的实施，中国政府不断加强自身建设，国家综合管理部门、行业主管部门、地方政府在 ODS 淘汰项目的实施管理方面的能力得到很大提高。

在 CFCs 淘汰活动中，由环保部、行业主管部门和国内执行机构共同组成的行业特别工作组起到了重要的作用。三方人员的联合办公，有效地提高了工作效率，有力地保障了淘汰计划的顺利实施。特别工作组具体负责淘汰工作的实施，包括年度计划的编制、淘汰活动的整体安排和部署、配额管理、人员培训等，从管理的角度保证了行业计划的实施，增强了相关行业的履约能力。

行业协会全面了解企业的生产经营活动和技术发展趋势，在组织淘汰活动中发挥了重要作用。在组织企业调查、企业培训、替代技术的选择等方面，企业协会发挥自身优势，完成了大量工作。行业协会通过开展组织淘汰活动，扩大了自身影响，密切了协会与企业的关系，维护了企业的利益，得到了企业的信任。

通过资金支持、政策拉动、宣传教育、激励等方式，引导作为淘汰活动行为主体的企业，积极投入到履约活动中。企业参与的积极性、社会责任和环保意识得到了强化和提升。

6.1.6 多边基金和国际机构发挥了重要作用

中国是一个发展中国家，特别在20年前，经济实力还相对薄弱，很多行业如冰箱、空调等还处在初级发展阶段，技术水平不高，资金紧张，国家和企业都很难拿出大量资金投入到淘汰活动。在这样的背景下，多边基金对中国淘汰活动的资助，发挥了杠杆作用，撬动和吸引了其他资金的投入，建立了资金渠道。通过多边基金的资助，引进了替代技术，起到了示范引领作用，促进了产业调整和产品升级。多边基金的足额资助和有效的技术转让是保证中国实现履约目标的重要条件。

《国家方案》的顺利实施，有赖于多边基金执委会、国际执行机构和中国政府的有效合作。中国 ODS 淘汰经验表明，多边基金执委会的支持是中国 ODS 淘汰的重要基础和条件，从行业机制的提出，到中国第一个行业计划的实施，多边基金执委会都给予了技术和资金支持；有关国际执行机构和国际社会对中国淘汰 ODS 提供了重要帮助和指导。《行业计划》的规划、项目的开发、资金申请、项目实施和监督管理，都是在国际执行机构的参与和合作下完成的。

6.1.7 替代品建设和技术援助活动是履约的根本保证

替代品替代技术的推广是淘汰工作取得成功的关键。实现淘汰不能以损害行业健康发展为代价，这是中国制定《国家方案》的一个基本原则，即替代品开发与 ODS 淘汰同步的原则。

在淘汰 CFCs 过程中，迫切需要开发适合中国行业需求的替代品和替代技术，在国家相关部门的组织下，科研单位与企业联合成功开发了相关替代技术和替代品，为 CFCs 的顺利淘汰起到了重要作用。在多边基金执委会和国际社会的帮助下，中国在 ODS 淘汰过程中积极引进国外先进的替代技术，加强与发达国家之间的技术和信息交流，学习先进的管理经验，努力推动企业技术创新，有效地促进了替代品产业的健康发展，基本满足了市场需求。

技术援助活动对 ODS 的淘汰起到了巨大的推动作用。围绕着 ODS 生产和消费的淘汰活动，各行业普遍开展了诸如培训、替代品趋势调研、政策需求研究、技术标准更新和管理信息系统建设等一系列活动，有效地支持了企业的淘汰活动，为行业计划的实施提供了保障。在淘汰过程中，技术援助项目对淘汰活动起到了巨大的推动作用；管理信息系统的建立，为淘汰活动的监督管理提供了很好的平台。

淘汰活动必须与产业的可持续发展相结合，这不仅是过去工作中坚持的指导原则，也是在未来工作中要继续坚持的原则。

6.1.8 地方能力建设为淘汰活动的持续进行奠定了基础

地方政府在 ODS 淘汰中发挥了重要作用。通过开展地方 ODS 淘汰能力建设项目，各省、区、直辖市和计划单列市都建立了相应的 ODS 淘汰活动领导机构，培训了政府管理部门工作人员、执法人员和企业环保负责人等。在人员培训的基础上，组织了区域内 ODS 物质生产和消费调查、市场销售调查，以及对相关企业的监督检查等。此外，还颁布了地方性淘汰 ODS 物质的政策法规，进行了广泛的公众宣传。这些活动的开展，促进了各行业的淘汰工作，对企业的淘汰活动起到了督促和监督作用，对巩固淘汰活动的成果具有重要意义。

对企业的淘汰行动，地方环保局的监督管理发挥了重要的作用。1997 年 2 月，为有效控制 ODS 生产和消费的新增生产能力，国家环保部（原国家环保总局）向地方环保部门发出了《关于加强地方环保部门在保护臭氧层工作中监督管理职能的通知》，进一步明确要求地方环保部门加强对执行多边基金项目的监督管理，并负责贯彻执行国家有关保护臭氧层的政策法规。各级政府部门也积极地开展了有关工作，调查本地区的 ODS 生产和使用情况，规划和指导本地区保护臭氧层工作，帮助企业安排实施转换项目的立项、落实项目的配套资金、监督多边基金项目的实施和运行；为完成 ODS 淘汰目标做作出了积极贡献。

6.1.9 深入广泛的公众宣传促进淘汰活动的开展

ODS 淘汰涉及广泛的领域，尤其因为针对亿万消费者的群体，需要把淘汰 ODS 和保护臭氧层的意义向广大消费者讲清楚，使消费者自觉抵制含 ODS 的产品，意识到使用 ODS 产品是对人类生存环境的破坏，保护大气臭氧层就是拯救生命。公众的自觉参与对于淘汰活动的开展有着非常重要的意义。

宣传教育是动员公众参与、提高公众的臭氧层保护意识的重要手段。通过各种宣传、教育活动，使保护臭氧层知识得到了普及，为有关部门和企业提供了大量的技术和市场信息。公众意识的提高极大地促进了淘汰活动的开展。

在行业计划的实施过程中，相关部门广泛宣传淘汰 ODS 的意义、行动计划和履约工作所取得的成绩；提高了相关人员保护臭氧层的意识和责任感；提高了相关人员对淘汰工作的认识和工作热情，促进了行业计划的实施。

6.1.10 完善的监督体系和机制是淘汰工作的保证

中国政府主要通过对生产、消费、流通、进口和出口等环节对 ODS 淘汰行动进行监控，这一机制包括：

①建立规范化的数据申报和报告制度。通过 ODS 淘汰项目、多边基金使用情况以及 ODS 及其制品的生产、消费和进出口的数据申报与报告制度，全面监控 ODS 淘汰行动的全过程。

②在部分行业建立了 ODS 替代品及其制品的质量检查制度。针对 ODS 替代品及其制品修订或制定了相应的产品、质量标准、安全生产标准，建立了有关产品的检测中心。

③建立并逐步完善管理信息系统。通过不断完善管理信息系统来监督、检查和控制 ODS 淘汰进程、淘汰计划的完成，反映项目的实施进程与效果、有关政策的执行与效果等情况。

在各《行业计划》执行过程中，中国政府、国际执行机构和有关专家经常亲临现场指导、监督淘汰活动，并加强了对淘汰工作的审计，加强了《行业计划》的执行力度。

6.2 建议

目前，中国已经进入削减 HCFCs 生产和消费的阶段，第一阶段削减 10% 的目标已经实现，但下一步的淘汰工作面临着更大的挑战。中国 HCFCs 的排放对臭氧层耗损和气候变化的影响仍将持续一段时间，而随着 HCFCs 的削减淘汰，作为替代品的 HFCs 的消费将增加，HFCs 的排放对气候变化的贡献将日益彰显，影响也必将被气候变化领域的科学界、政府官员、公众广泛关注。政府部门和行业协会应及早制定相应的管理政策和措施，以控制中国 HCFCs 和 HFCs 物质的环境影响。

6.2.1 完善中国控制排放的法律法规制度

依据中国现有法律法规，必须结合实际制定有关政策措施限制和减少 ODS 及其替代品等的排放。加强现有政策的执行力度；不断完善政策体系。参照国外经验，命令控制型政策是消除含氟温室气体的根本方法。为保障实现命令控制型政策目标，需建立政府主导，企业为主体和行业、公众参与的控制含 ODS 及其替代品的排放机制，同时需要提供技术可行、经济有效的技术和资金支持、政策扶植等。除此之外，通过政策法规减少不必要的含氟温室气体需求，提高相关产品密封性，回收循环利用以及提高能效等也是有效的控制措施。

6.2.2 建立资金保障体系，推动环境友好替代和减排技术应用

运行成本低的替代技术对淘汰的推动作用是巨大的，同时可以有效减少重复使用 ODS 的风险。国家臭氧项目主管部门应该加大力度推动制定有利于降低替代品成本的政策措施，增加替代品供应，

增加企业对替代改造的信心和动力。在HCFCs的淘汰替代过程中，一方面要慎重选择HFCs替代品，另一方面可以从改进技术、加强回收处理等角度采取措施，降低HFCs物质的排放，实现逐步减少含氟温室气体（HCFCs和HFCs）消费的目标。

含氟温室气体最主要的相关消费行业一是相对消耗大量能源的制冷和空调行业，二是用于保温节能的泡沫板材等相关行业，也就是说，含氟温室气体产品与气候变化息息相关。推动这些领域技术进步，积极投入资金和技术，开发节能环保的产品十分重要，也将形成双赢的局面。研究开发适合中国国情的替代技术，也是这一领域的创新需求。结合国际社会的资助，如多边基金、全球环境基金，建立激励机制，将有助于这一领域含氟温室气体的控制和淘汰。

6.2.3 开展重点物质的管理和对策研究

在现阶段，中国ODS及其替代品控制的关键物质为HCFC-22、HFC-134a、HFC-125和HFC-32等，其中HCFC-22作为《蒙特利尔议定书》控制的物质，在温室效应方面的贡献占全部HCFCs的50%以上；而HFC-134a、HFC-125和HFC-32等消费和排放正在快速增长。结合履行国际公约，具体的减排措施可以从两个方面开展：一是通过选择替代品或者技术改进等手段，减少新产品中化学品的消费量并降低其泄漏水平；二是对报废产品中的化学品开展回收处理以减少现存产品中的排放。但具体落实到选择替代品还是技术改进等手段，还需要对政策、技术进行广泛评估和研究，需要从环境、社会、技术和经济等角度开展研究，作出恰当的管理对策。

6.2.4 科学判断ODS及其替代品对气候变化的影响

对ODS及其替代品的排放和影响进行深入研究，对确定气候变化对策十分重要。一是需要了解ODS及其替代品的排放现状，了解从行业到具体排放源的情况，既利于建立排放源清单和排放情况的估算，也利于今后开展对排放源的管理；二是需要掌握 ODS 及其替代品的发展规律和趋势，以科学判断其对气候变暖的影响，识别出 ODS 及其替代品相对于二氧化碳（CO_2）、甲烷（CH_4）和氧化亚氮（N_2O）等温室气体的变化和影响，研究其减排潜力，以便于对 ODS 及其替代品实施管理分析。

6.2.5 采用 ODS 的管理体系，加强 HFCs 的管理

现有控制 ODS 的政策管理体系是最适合控制管理 HFCs 的体系，具体体现为：①绝大部分生产和消费 CFCs 和 HCFCs 的企业，也是生产和消费 HFCs 的企业，也就是说被管理对象基本不变；② HFCs 与 CFCs、HCFCs 所涉及的产品技术、标准相近，因而管理机构、专业知识和专家绝大部分是相同的；③从 CFCs、HCFCs 到 HFCs 所产生的问题均是全球环境问题，是环境保护部门的职责；④现有的控制 ODS 的政策管理体系历经 20 余年的发展，建立了从部门、协会、企业、专家、公众到国际机构参与的机制，已经培养了大批人才，具备了良好的基础，有条件在短时间启动对 HFCs 等含氟温室气体的管制。因此，尽快确定现有 ODS 管理体系对管控 HFCs 等含氟温室气体的地位和职责，这对中国在国际谈判中争取主动地位和保护国家利益，制定国家战略，顺利开展控制含氟温室气体排放的活动是十分重要和紧迫的。

附件 中国保护臭氧层历程

时间	制度、机构和能力建设	淘汰活动与成效	意义
1989.4.26—5.5			
1990.6.27—6.29	在《保护臭氧层的维也纳公约》缔约方第一次会议与《关于消耗臭氧层物质的蒙特利尔议定书》缔约方第一次会议上，中国代表团提出了设立保护臭氧层国际基金的建议。会议达成了要为实施《议定书》提供资金的决议草案		为 1992 年里约峰会确立“共同但有区别的责任”原则奠定了基础
1989.7—1992.8	国务院决定中国正式加入《维也纳公约》，并明确指出由国家环境保护局负责《公约》的实施。该《公约》于 1989 年 12 月 10 日对中国生效，之后中国进一步加入《蒙特利尔议定书》，并于 1992 年 8 月 10 日对中国生效		中国正式成为《维也纳公约》和《蒙特利尔议定书》缔约方，明确了履约责任
1991.7—1992.5	中国国家保护臭氧层领导小组成立，由 18 个部委组成。国家环保局成立了项目领导办公室及信息交换所		健全了国家履约领导机制
1992.6.13	国家环保局与保护臭氧层领导小组决定创办动态性刊物《中国保护臭氧层行动》		创立了保护臭氧层的专门刊物，开始保护臭氧层行动的持续宣传工作，至今已持续 20 多年

续表

时间	制度、机构和能力建设	淘汰活动与成效	意义
1992.6		多边基金执委会第 7 次会议批准中国气雾剂、哈龙、清洗等 7 个投资项目，用于淘汰 9 189 t ODP 值的 CFCs 和哈龙	这是中国获得的第一批多边基金投资项目
1992.8—1994.5	国务委员、国务院环境保护委员会主任宋健主持召开了国务院环境保护委员会工作会议，专题审议了《中国逐步淘汰消耗臭氧层物质国家方案》。1993 年 1 月，国务院批准了《国家方案》。1994 年 5 月，国家保护臭氧层领导小组在北京召开会议，审议并原则通过了《国家方案》烟草行业补充方案		确立了中国第一个履行环境公约战略和行动计划，为今后相关工作提供了重要借鉴
1993.3.8—3.10	《议定书》多边基金执委会第 9 次会议通过了《中国逐步淘汰消耗臭氧层物质国家方案》，并给予了高度评价，决定把中国的《国家方案》作为范本译成六国文字广泛散发		扩大了中国的影响力
1993.4.20—4.23	国家环保局与中国科学技术协会工程联合会在北京联合召开了“氯氟碳与哈龙替代技术保护臭氧层国际会议”。23 个国家和地区及国内有关部委、学会、协会的中外专家约 400 人参加，会后出版了论文集		建立环境保护领域广泛技术交流的模式
1994.11.11	公安部、国家环保局以（1994）公通字第 94 号文联合下发《关于在非必要场所停止再配置哈龙灭火器的通知》		这是最早落实《国家方案》在消费行业实施的禁令之一

续表

时间	制度、机构和能力建设	淘汰活动与成效	意义
1995.5.18		在天津举行了联合国开发计划署“天津聚氨酯软泡生产无CFC技术改造”项目的产权移交仪式。国家环保局王扬祖副局长、联合国开发计划署代表以及国家保护臭氧层领导小组成员单位派代表参加了移交仪式	这是中国完成的第一个多边基金投资示范项目
1995.6.11—6.18	“中国逐步淘汰消耗臭氧层物质行业战略国际研讨会”在西安召开。《议定书》多边基金执委会、双边政府和4个国际执行机构的代表及中外专家、国家保护臭氧层领导小组成员单位和企业代表共100多人出席了会议		确立了行业的淘汰战略和具体目标，并为“行业淘汰机制”的提出奠定了思想基础
1995.7—1997.11		多边基金执委会第17次会议批准世界银行和中国政府共同开展“哈龙行业整体申报新机制的研究”的项目	
1997.11.12—11.14		《中国消防行业哈龙整体淘汰计划》在多边基金执委会第23次会议上被批准，获赠款6 200万美元，用于淘汰35 000 t ODP哈龙1211和1301	开发和建立的行业机制（新机制）模式，提高了多边基金的使用效率和淘汰活动的速度，由国际机构执行转向国内执行

续表

时间	制度、机构和能力建设	淘汰活动与成效	意义
1995.9.16	在北京召开了国际臭氧日纪念大会。国家环保局局长解振华主持会议，国务委员宋健出席会议并讲话，4个国际执行机构的代表参加了会议。国家保护臭氧层领导小组成员单位及北京市环保部门共同在北京商业街道设立纪念国际臭氧日宣传站，发放了有关保护臭氧层的宣传材料，展出了替代产品。国家环保局解振华局长、王扬祖副局长、化工部成思危副部长等领导莅临现场，联合国环境规划署派代表参加了宣传活动。轻工总会家电办组织13家冰箱厂在北京百货大楼及双安商场进行替代产品展销。轻总会塑料办、日化办、化工部、机械部、公安厅部等均利用刊物、报纸广泛宣传国际臭氧层日		第一个大规模的中国保护臭氧层日活动
1996.1.9—1.10	国家化工部在浙江召开了“国内开发消耗臭氧层物质替代品技术交流会”。这是国内首次消耗臭氧层物质替代品技术研究开发的同行专家进行跨系统的生产、教学、科研单位间的技术交流		开展替代品和替代技术的开发与技术交流
1996.4	国家环境保护局以环经〔1996〕409号发布《关于印发及试行〈保护臭氧层多边基金项目实施指南（试行）的通知〉》		建立了实施多边基金援助项目的管理制度

续表

时间	制度、机构和能力建设	淘汰活动与成效	意义
1996.9.16—9.17	国家保护臭氧层领导小组在北京召开了“中国首届保护臭氧层大会”，总结保护臭氧层工作，交流经验，表彰一批保护臭氧层工作先进单位和先进个人，发布荣获环境标志产品认证书的企业及替代产品名称。国务委员宋健出席了开幕式，来自国内外的 400 多名代表出席了会议		建立了环境标志制度，表彰鼓励先进
1997.1—1999.11	国家保护臭氧层领导小组决定组织修订《中国逐步淘汰消耗臭氧层物质国家方案》。1999 年 11 月国务院批准实施由 18 个部委会签的《中国逐步淘汰消耗臭氧层物质国家方案》（修订稿）		调整了中国淘汰 ODS 战略和行动计划，为之后实现提前淘汰奠定了基础
1997.2.26	国家环境保护局以环控〔1997〕115 号文发布《关于加强地方环保部门在保护臭氧层工作中监督管理职能的通知》		明确了地方政府在国际履约活动中的职责
1997.6. 5	国家环境保护局及中国轻工总会等 9 个部委以环控〔1997〕0366 号文发布《关于在气雾剂行业禁止使用氯氟化碳类物质的通告》，要求 1997 年 12 月 31 日以后在一般用途气雾剂中禁止使用氯氟化碳类物质作为推进剂		气雾剂行业成为首个全面完成淘汰 ODS 工作的行业
1997.7.2	机械工业部以机汽发〔1997〕099 号发布《关于中国汽车行业新车生产停止使用氟利昂物质的通知》		在中国汽车行业开始实施 CFCs 使用禁令
1997.7—1997.9	为纪念国际臭氧层日，国家保护臭氧层领导小组组织了“新飞杯”保护臭氧层有奖知识竞赛，参赛者达 16 万人		与企业合作，通过媒体宣传保护臭氧层知识，保护臭氧层得到广泛宣传

续表

时间	制度、机构和能力建设	淘汰活动与成效	意义
1997.12—1999.5	国家环境保护局、公安部联合发布《关于实施哈龙灭火剂生产配额许可证管理的通知》		
	国家环境保护总局和国家石油化学工业局联合发出《关于实施全氯氟烃产品（CFCs）生产配额许可证管理的通知》，决定自1999年1月1日起对CFCs生产实行配额许可证管理	建立中国第一个环境领域可交易配额制度，引入了市场调节型政策；1999年5月，进一步广泛引入环境领域可交易配额制度	
1998.8—1998.9		国家环境保护局与全国少年先锋队工作委员会联合举办了“金珠杯”少年儿童保护臭氧层绘画竞赛。评出特等奖2名，送联合国环境署参加其组织的国际绘画竞赛，其中曲捕（8岁）的作品获评委奖	从儿童开始宣传保护臭氧层
		联合国开发计划署、联合国环境署和国家环保总局在北京联合召开“纪念国际保护臭氧层日大会暨《国家方案》修订及国际政策研讨会”。会上举行了儿童画竞赛获奖作品的颁奖仪式，并放飞了探空气球	

续表

时间	制度、机构和能力建设	淘汰活动与成效	意义
1998.11.		第26次多边基金执委会会议批准了《中国汽车空调行业整体淘汰CFC-12计划》，赠款总额770万美元，用于淘汰814 t CFC-12	保障了汽车行业于2000年之前完成新车CFCs整体淘汰
1998.11—1999.12	《议定书》缔约方大会第十次会议上决定中国为第十一次缔约方大会的主办国。1999年4月，国务院批准成立第十一次《蒙特利议定书》缔约方会议组织委员会，温家宝副总理任主席，国家环保总局解振华局长任副主席。1999年11月，《议定书》缔约方大会第十一次会议和《公约》缔约方大会第五次会议在北京召开，会议通过了《北京宣言》和《北京修正案》。江泽民主席出席了会议并发表重要讲话		展示中国政府对《公约》和《议定书》的高度重视，扩大了中国的国际影响，推进了保护臭氧层的进程
1999.3		多边基金执委会第27次会议批准了《中国化工行业整体淘汰计划》，赠款总额1.5亿美元，用于淘汰5万 t CFCs	单个最大行业淘汰计划，保障了从源头控制CFCs
1999.9.16	国家环保总局在北京少儿活动中心举行了向全国少年儿童赠送保护臭氧层儿童画册仪式		
1999.11.26	国家环保总局、机械工业局联合发布《关于中国汽车行业新车生产限期停止使用CFC-12汽车空调器的通知》		实现了2000年前汽车行业完成新车CFC整体淘汰的目标

续表

时间	制度、机构和能力建设	淘汰活动与成效	意义
1999.12—2000.5	国家环保总局、对外经济贸易合作部、海关总署联合发布《关于印发〈消耗臭氧层物质进出口管理办法〉的通知》。2000年1月，国家环保总局、对外经济贸易合作部、海关总署联合发布《关于发布〈中国进出口受控消耗臭氧层物质名录〉(第一批)的通知》。国家环保总局发出《关于申请2000年度受控消耗臭氧层物质进出口配额的通知》		首次建立了进出口管理制度，保障了国家水平和其他缔约方履约目标的实现
2000.3.1	国家环保总局、对外经济贸易合作部及海关总署联合以环发〔2000〕48号文向各省、自治区、直辖市环境保护局、外经贸委（厅、局）、海关总署广东分署、各直属海关发出了《关于禁止企业突击进口受控消耗臭氧层物质四氯化碳的紧急通告》		从源头限制了四氯化碳的进口供应，限制了四氯化碳作为CFCs原料和化工助剂的消费
2000.3		在多边基金执委会第30次会议上，《中国清洗行业ODS整体淘汰计划》获得批准，共获赠款5 200万美元，用于淘汰约4 000 t ODP的CFC-113、四氯化碳和三氯乙烷	
2000.8	中国信息产业部与国家环保总局联合召开全国清洗行业ODS淘汰工作会议		这是消费行业首次全行业（数百企业参与）淘汰ODS工作会议
2000.4	全国人大常委颁布《中华人民共和国大气污染防治法》，其中有两个条款专门为保护臭氧层设置		从国家法律层面奠定ODS管理制度

续表

时间	制度、机构和能力建设	淘汰活动与成效	意义
2000.4.13	国家环保总局、外经贸部及海关总署以环发〔2000〕85号文发布《关于加强对消耗臭氧层物质进出口管理的规定》的通知		进一步完善进出口管理制度
2000.9.16	为纪念国际臭氧日，国家环保总局在北京举办主题为“拯救我们的天空，保护我们自己，保护臭氧层”的大会，来自8个企业的代表签署了“工业界保护臭氧层自愿宣誓书”，10个企业签署了“保护臭氧层倡议书”，邀请了国内外代表、专家学者与行业人士共同对《中国保护臭氧层政策地方培训战略》进行研讨		工业界开展自愿行动淘汰ODS；着手制订地方履约能力建设战略
2000.12		在多边基金执委会第32次会议上《中国烟草行业CFC-11整体淘汰计划》获得批准，共获赠款1 100万美元，用于淘汰约1 000 t ODP的CFC-11	
2001.1.17	国家烟草专卖局以国烟科〔2001〕30号发布《关于做好2001年度氟里昂烟丝膨胀装置拆除工作的通知》		
2001.7—9	国家环保总局外经办与中国环境报社共同举办“有奖征集中国保护臭氧层活动宣传用语和图标”活动，共收到宣传用语千余条和图标作品上百幅，引起了较大社会反响。“国际保护臭氧层日纪念大会”在北京举行。中小学生代表联合向社会各界和公众发出了保护臭氧层的倡议		

续表

时间	制度、机构和能力建设	淘汰活动与成效	意义
2001.12.3		多边基金执委会第 35 次会议批准了《中国 PU 泡沫行业 CFC-11 整体淘汰计划》，共批准赠款 5 385 万美元，用于淘汰约 17 200 t ODP 的 CFC-11	
2001.9	金珠化工公司中标多边基金 2 541 万美元的赠款，建设年产万 t（第一期 5 000t）HFC-134a 生产装置的建设		促进了 ODS 替代品的应用和 ODS 淘汰
2001.12	为了加大对 CFCs 配额生产的监督管理力度，20O1 年 12 月 11 日，国家环保总局外经办发布了《关于对氯氟烃产品生产企业实行驻厂督查的实施办法》（环经函〔2001〕58 号）		进一步健全了监督核查制度
2001.12	国家环保总局、外经贸部、海关总署、国家质量监督检验检疫总局联合发布“关于控制进口以 CFC-12 为空调制冷工质的汽车及以 CFC-12 为制冷工质的汽车空调压缩机的有关事项”的公告（环发〔2001〕207 号）		
2001.12		《中国哈龙行业整体淘汰计划》中第一个哈龙替代品项目——佛山市电化总厂年产 3 000 t ABC 干粉灭火剂生产项目通过验收	保障了哈龙 -1211 灭火器的替代

续表

时间	制度、机构和能力建设	淘汰活动与成效	意义
2002.1—2007.12	2002 年 1 月“中国臭氧层保护政策地方培训战略”一期项目教员培训班在北京举办。随后陆续举办多期培训班加强地方履行《议定书》能力建设。建立了保护臭氧层知识在线培训网站		通过这一战略的实施，将进一步加强地方政府有关部门在保护臭氧层政策法规落实方面的工作。网站的建立有效提高了知识传播的效率
2002.6.15	“国际履约环保产业园”建设启动仪式在河北廊坊经济技术开发区举行		
2002.7		《中国工商制冷行业 CFCs 整体淘汰计划》得到多边基金执委会批准，获赠款 525 万美元，间接淘汰 CFCs 消费 752.15 t ODP。至此，工商制冷行业共获多边基金资助约 4 957 万美元，项目实施完毕后可间接淘汰 CFCs 消耗近 5 000 t ODP	
2002.9	中国政府制定了《中国 ODS 替代品发展战略》，提出了替代品发展目标和路线		保障 ODS 顺利淘汰和满足市场对产品的需求

续表

时间	制度、机构和能力建设	淘汰活动与成效	意义
2002.11—2006.4		多边基金执委会第 38 次会议通过了《中国四氯化碳（CTC）生产和化工助剂淘汰协议（第一期）》，赠款总金额 6 500 万美元。多边基金执委会第 47 次会议批准了《中国 CTC 生产和化工助剂消费淘汰行业计划（第二期）》，上述资金用于淘汰约万 t 消费和约 3 万 t 生产	为全面实现四氯化碳淘汰提供了战略、技术路线和资金保障
		多边基金执委会第 38 次会议批准了《中国家电行业 CFC 整体淘汰计划》，共获赠款 736 万美元，用于淘汰剩余的 1 099 t ODP 的 CFCs 消费	

续表

时间	制度、机构和能力建设	淘汰活动与成效	意义
2003.12—2005.11		多边基金执委会于第41次、第44次和第47次会议先后批准了《甲基溴消费行业淘汰计划（消费一期）》、《甲基溴消费行业淘汰计划(消费二期)》和《甲基溴生产行业淘汰计划》。《消费一期》计划中，中国获得408万美元赠款用于在2006年底之前淘汰389 t ODP的甲基溴消费；《消费二期》计划中，中国获得1 070万美元赠款用于在2015年以前淘汰689 t ODP的甲基溴消费；消费两期共淘汰1078 t ODP；《生产行业计划》中，中国获得979万美元的赠款用于在2015年之前淘汰776 t ODP的甲基溴生产	为全面实现甲基溴淘汰提供了战略、技术路线和资金保障
2004.9—2007.9	2004年9月，在德国GIZ的支持下，中国开始HCFCs淘汰战略研究；2007年9月，中国与其他缔约方决定加速淘汰HCFCs生产和消费		为2007年加速淘汰HCFCs提供了技术支持，为进一步保护臭氧层和应对气候变化制定了目标

续表

时间	制度、机构和能力建设	淘汰活动与成效	意义
2004.11—2007.7		《中国加速淘汰CFCs和哈龙行业计划》得到多边基金批准，获得多边基金2 000万美元资助	
		2007年7月1日，国家环保总局、世界银行和江苏省人民政府联合在江苏省常熟市召开了中国全面淘汰CFCs和哈龙总结大会	在《议定书》缔结二十周年之际，中国比公约规定早2年半完成CFCs和哈龙淘汰，全面实现第一阶段保护臭氧层目标，也为北京绿色奥运添彩
2005.9 — 2012.9	国家环保总局决定在全国12个省市开展履约试点示范项目，随后在全国36个省市自治区级部分计划单列市开展履约项目		健全和加强了地方的履约机构，发布了地方法规，普遍开展宣传和执法检查
2008.6—2011.11		中国获得多边基金资助，与四大执行机构开始准备HPMP（HCFCs淘汰管理计划）；2011年，中国获得2.7亿美元多边基金资助用于消费行业淘汰约5万t HCFCs，以满足2015年10%的削减目标	为实现2015年HCFCs控制目标提供了政策法规、技术路线和资金保障

续表

时间	制度、机构和能力建设	淘汰活动与成效	意义
2010.3	国务院批准《消耗臭氧层物质管理条例》，2010 年 6 月 1 日正式实施。《条例》包括 38 项条款，明确了国家管理消耗臭氧层物质的目标和任务，建立了消耗臭氧层物质的总量控制和配额管理制度，规定了违法生产、使用和进出口消耗臭氧层物质等行为的法律责任		《条例》的颁布为在各行业开展 HCFC 淘汰管理工作，履行相关国际责任和义务提供了强有力的法律保障
截至 2010 年		中国累计获得 7.9 亿美元多边基金资助，用于完成淘汰约 10 万 t ODP 的消耗臭氧层物质消费和约 11 万 t ODP 的生产	
仅 2010 年一年		中国生产 7 300 万台非 ODS 电冰箱，其中仅 7 000 万台碳氢电冰箱就避免了约 58 000 t CFC-11 和 14 000 t CFC-12 的使用，折合 ODP 值 72 000 t，相当于 2.7 亿 t CO_2 当量	
仅 2010 年一年		中国生产和销售 1 800 万台汽车，采用 HFC-134a 及其他非 ODS 工质，替代约 35 000 t CFC-12（含当年维修估算），扣除 HFC-134a 的温室效应，避免了超过 3 亿 t CO_2 当量的消费量（潜在排放）	

续表

时间	制度、机构和能力建设	淘汰活动与成效	意义
仅 2010 年一年		中国 2000 年用于气雾剂的 CFCs 消费量约 18 000 t，按照中国 GDP 增长速度参比，推测 2010 年避免超过 50 000 t CFC-12 的消费（排放），相当于 5.5 亿 t CO_2 当量	
仅 2010 年一年		中国 1995 年消费哈龙 1211 和哈龙 1301 合计约 43 000 t ODP，参照中国 GDP 增长、灭火设备销售量和建筑完工面积，仅 2010 年避免哈龙消费量折合 ODP 值超过 20 万 t	
仅 2010 年一年		仅 2010 年一年，中国避免了 29 万 t CFCs、20 万 t 哈龙以及 4 万 t 四氯化碳的消费，总计避免超过 53 万 t 消费量（排放）；扣除部分 CFCs 采用 HCFCs 替代抵消的 ODP 值，净避免超过 50 万 t ODP 的消费量；扣除因采用 HCFCs 和 HFCs 带来的气候效应以及少消耗臭氧层带来的气候效应，避免了约 14.4 亿 t CO_2 当量的温室气体消费（排放）	

缩写注释

缩写	全称
APP	CFC/CTC/Halon Accelerated Phaseout Plan （全氯氟烃 / 四氯化碳 / 哈龙加速淘汰计划）
CFC[a]	chlorofluorocarbon（全氯氟烃）
CTC[a]	Carbon tetrachloride（ 四氯化碳）
DRS	Domestic Refrigeration Sector（ 家用制冷行业）
EIA	Electronic Industries Association（电子工业协会）
EVA	Ethylene-vinyl acetate copolymer（ 乙烯 - 醋酸乙烯共聚物）
GDP[b]	Gross Domestic Product（国内生产总值）
GEF[c]	Global Environment Facility（ 全球环境基金）
GWP[a]	Global Warming Potential（ 全球变暖潜势）
HCFC[a]	hydrochlorofluorocarbon（含氢氯氟烃）
HFC[a]	hydrofluorocarbon（氢氟碳化物）
HPMP	HCFCs Phase-out Manager Plan（ HCFCs 淘汰管理计划）
ICR	Industrial and Commercial Refrigeration sector（ 工商制冷行业）
IPCC[a]	Intergovernmental Panel on Climate Change（ 政府间气候变化专门委员会）
MAC[b]	Mobile Air Conditioning（移动空调）
MDI[c]	Metered Dose Inhaler（ 药用气雾剂）
MEP	Ministry of Environmental Protection（ 环境保护部）
MIS	Management Information System（ 管理信息系统）
MLF[c]	Multilateral Fund（ 多边基金）
ODP[a]	Ozone Depleting Potential（ 臭氧破坏潜势）
ODS[a]	Ozone Depletion Substance（臭氧消耗物质）
PFCs[c]	perfluorocarbons（ 全氟碳化物）
PMO	Project Management Office（ 项目管理办公室）
PTFE	Polytetrafluoroethylene（ 聚四氟乙烯）

缩写	全称
PU[c]	Polyurethane（聚氨基甲酸酯）
QPS[a]	Quarantine and pre-shipment（检疫和运装前）
R&R	Recycle and Reuse（ 回收与再利用）
TCA	Trichloroethane（三氯乙烷）
TEAP[a]	Technology and Economic Assessment Panel（技术与经济评估小组）
UNCED	United Nations Conference on Environment and Development（ 联合国环境与发展大会）
UNDP[c]	United Nations Development Programme（ 联合国开发计划署）
UNEP[a]	United Nations Environment Programme（联合国环境规划署）
WMO[a]	World Meteorological Organization（世界气象组织）
	化学式
CFC-11	CCl_3F（ 一氟三氯甲烷）
CFC-12	CCl_2F_2（ 二氟二氯甲烷）
CFC-13	$CClF_3$（ 三氟一氯甲烷）
CFC-113	CCl_2FCClF_2（ 三氯三氟乙烷）
CFC-114	$CClF_2CClF_2$（ 二氯四氟乙烷）
CFC-115	$CClF_2CF_3$（ 一氯五氟乙烷）
Halon-1211	$CBrClF_2$（二氟一氯溴甲烷）
Halon-1301	$CBrF_3$（ 溴三氟甲烷）
HFC-134a	CH_2FCF_3（ 1,1,1,2- 四氟乙烷）
HFC-236fa	$C_3H_2F_6$（ 六氟丙烷）
HFC-245fa	$CHF_2CH_2CF_3$（ 五氟丙烷）
HFC-365mfc	$C_4H_5F_5$（ 1,1,1,3,3 - 五氟丁烷）
HCFC-141b	CH_3CCl_2F（ 一氟二氯乙烷）
HCFC-22	$CHClF_2$（ 二氟一氯甲烷）

a: Assessment for Decision-Makers Scientic Assessment of Ozone Depletion: 2014.WMO Global Ozone Research and Monitoring Project – Report No. 56

b: IPCC Guidelines for National Greenhouse Gas Inventories(2006)

c: UNEP.Montreal Prtocol on Substances That Deplete The Ozone Layer.2010 Assessment Report of The Technology and Economic Assessment Panel

后记

本书由北京大学环境科学与工程学院和环境保护部环境保护对外合作中心共同编写。

陈亮任本书主编，宋小智、肖学智任副主编。编写组成员有：北京大学环境科学与工程学院胡建信、张剑波、方雪坤、韩佳蕊；环境保护部环境保护对外合作中心周晓芳、冯卉、崔玉清。

环境保护对外合作中心项目三处王开祥、钟志锋、郭晓林、杨晓华、李小燕、李云鹏、李雄亚、尚舒文、高凌云、李娟、宋阳、陈济滨、王磊、李丽、滑雪等参加了本书的审读。

在本书调研、编写和修改过程中，编写组得到了张洁清、夏应显、杨礼荣、谢飞、熊康、张孟衡、王勇、王淑嫦、王雷、张朝晖、孟庆君等提出的宝贵意见。相关行业协会、部分项目企业接受了编写组的访谈并提供了资料。在此，谨对所有为本书的研究和出版给予帮助的单位和同志表示衷心感谢。

由于本书涉及内容跨度大，时间和篇幅有限，书中疏漏之处在所难免，敬请广大读者提出宝贵意见。

编写组

2015 年 9 月

图书在版编目（CIP）数据

中国履行《蒙特利尔议定书》成果与环境效益研究 / 环境保护部环境保护对外合作中心主编. -- 北京 : 中国环境出版社, 2015.9
ISBN 978-7-5111-2553-8

Ⅰ. ①中… Ⅱ. ①环… Ⅲ. ①臭氧层－环境保护－研究－中国 Ⅳ. ①X511.06

中国版本图书馆CIP数据核字（2015）第221590号

出 版 人 王新程
责任编辑 邵 葵
责任校对 尹 芳
装帧设计 岳 帅

出版发行 中国环境出版社
（100062 北京市东城区广渠门内大街16号）
网 址：http://www.cesp.com.cn
电子邮箱：bjgl@cesp.com.cn
联系电话：010-67112735
发行热线：010-67125803，010-67113405（传真）
印 刷 北京中科印刷有限公司
经 销 各地新华书店
版 次 2015年12月第1版
印 次 2015年12月第1次印刷
开 本 787×1092
印 张 5
字 数 200千字
定 价 36.00元